博雅 華大 出版基金
华中师范大学出版基金丛书
学 术 著 作 系 列

耕地休耕政策评估及优化研究

匡兵 卢新海 著

C B J J

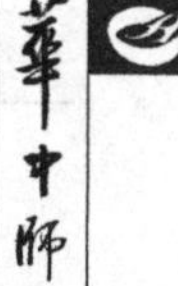

華中師範大學出版社

新出图证（鄂）字 10 号

图书在版编目（CIP）数据

耕地休耕政策评估及优化研究/匡兵，卢新海著．—武汉：华中师范大学出版社，2021.9

（经济与管理研究文库）

ISBN 978-7-5622-5759-2

Ⅰ.①耕…　Ⅱ.①匡…　②卢…　Ⅲ.①休耕—耕作制度—研究—湖南　Ⅳ.①S344.1

中国版本图书馆 CIP 数据核字（2021）第 178696 号

耕地休耕政策评估及优化研究

责任编辑：王中宝　**责任校对**：王　炜　**封面设计**：罗明波

编 辑 室：学术出版中心　**电话**：027-67867792

出版发行：华中师范大学出版社

社址：湖北省武汉市洪山区珞喻路 152 号　**邮编**：430079

电话：027-67863426（发行部）

传真：027-67863291

网址：http://press.ccnu.edu.cn　**电子邮箱**：press@mail.ccnu.edu.cn

印刷：武汉邮科印务有限公司　**督印**：刘　敏

字数：240 千字

开本：710mm×1000mm　1/16　**印张**：14

版次：2021 年 9 月第 1 版　**印次**：2021 年 9 月第 1 次印刷

定价：68.00 元

欢迎上网查询、购书

目　录

第1章 绪 论

1.1 研究背景

1.1.1 历史背景：耕地休耕是我国古老农耕历史中的智慧结晶

耕地休耕是我国在耕地保护、粮食安全等面临一些新问题、新挑战的情况下形成的一个全新命题，是一种新兴的耕地保护制度构想（李争，杨俊，2015；俞振宁等，2017a；向慧等，2019）。然而，事实上，作为世界三大原始农业起源中心之一（谷茂，潘静娴，1999），我国拥有源远流长的农耕历史，并早已孕育发展出很多耕地休耕的思想与实践。

在原始社会初期，生产工具极其简陋，加上土地无主且人口稀少，人们在村落附近或稍远的地方拣选土地后，先用石斧、石刀等工具砍伐地上的林木、荆棘、杂草等，晒干后用火焚烧，同时借助烈火进行土壤熟化和养分培育，然后进行播种，待成熟时利用石镰收割（杨怀森，1987），这是我国古代农业耕作制度的初始阶段，又称“刀耕农业”或“火耕农业”。随着生产经验的积累，人们发现先用树枝或尖木棒在地上打洞后再进行播种，可以获得更为稳定的产出，并据此发明了新的耕作工具——耒耜（斫木为耜，揉木为耒[①]），传统刀耕火种

---

① 来源于《易经·系辞下传》第二章“包牺氏没，神农氏作，斫木为耜，揉木为耒，耒耨之利，以教天下，盖取诸《益》”。原意为：包牺氏死后（数百年），神农氏兴起，砍削树木做成犁头，曲转木材为犁柄，以便耕种和除草，创造许多耕作器具，教导人民，使天下增加粮食，大概是取象于《益卦》。

农业发展为耜耕农业（阎万英，1994）。但是无论“刀耕”还是“耜耕”，生产过程都非常简单、粗放，缺少必要的农田管理措施，在庄稼收获后，灰烬所提供的有限养分在风吹、日晒、雨淋等气候条件下逐渐分解消散，新的杂草迅速侵蚀并覆盖那些已经开垦的土地，导致土壤的沉实和板结（孙声如，1984），地力退化严重。于是，当某一区域的可利用土地都被轮流耕作且地力在短期内无法得到有效恢复时，人们就会迁徙到新的地区重新开垦生荒地。相关资料显示，直至夏商时期，我国的农业都还处于游耕阶段（王玉哲，1959）。

西周至战国初期，中原地区人口剧增。据《史记·货殖列传》记载，“关中自汧、雍以东至河、华，膏壤沃野千里……四方辐辏并至而会，地小人众”，再加上农业文化的积累和生产工具的进步，特别是水、土资源的约束，游耕撂荒的客观条件已不再具备（谷茂，潘静娴，1999）。早年那些被弃耕而且恢复了地力的熟荒地逐渐被人利用。此时的土地制度为井田制，根据土质好坏进行分配，“民受田：上田夫百亩，中田夫二百亩，下田夫三百亩。岁耕种者为不易上田；休一岁者为一易中田；休二岁者为再易下田，三岁更耕之，自爰其处”[①]，基于此，有学者指出耕地休耕最早起源于西周时期（罗婷婷，邹学荣，2015）。同时，在反映西周时期生活的诗歌总集《诗经》中，描述和记载了“菑、新、畬”耕作制，如《诗经·小雅·采芑》的“薄言采芑，于彼新田，呈此菑亩”，《诗经·周颂·臣工》的“嗟嗟保介，维莫之春，亦又何求？如何新畬”。《诗经·尔雅·释地》分别对“菑、新、畬”进行了解释，“田，一岁曰菑，二岁曰新田，三岁曰畬”，但史学家对它们的解读并不一致（黄以周，1894；刘师培，1938；徐中舒，1955；杨宽，1957；马宗申，1981；陈振中，1992），由此导致对这一制度的认识也存在差异。杨宽（1957）、戚其章（1957）等指出，“菑”“新”和“畬”三种田，实际上所代表的是一种定期三年的农业休耕制，这也是当时农业生产中恢复土壤肥力的重要手段。西周后期至春秋时期，随着生产力和生产技术的进一步发展，耕作制度也发生了重大变革，《周礼·地官·大司徒》《周礼·地官·司徒第二·遂人/土均》分别记载了在都鄙[②]实行的“易田制”和在乡遂[③]实行的“田莱制”：“不易之地，家百亩，一易之地，家二百亩，

① 来源于《汉书》卷二十四上，《食货志》第四上。

② 周制，公卿、大夫、王子弟的采邑，封地。

③ 周制，王畿郊内置六乡，郊外置六遂，意指郊外。

再易之地，家三百亩”[①]、“上地，夫一廛，田百亩，莱五十亩，余夫亦如之。中地，夫一廛，田百亩，余夫亦如之。下地，夫一廛，田百亩，莱二百亩，余夫亦如之”。这两个制度与“菑、新、畬”制度相比，在土地等级划分、休耕地块选取及时序安排上都有了很大进步，是向土地连种制发展的关键阶段（郭文韬，1991)。王仲荦（1954）指出，在春秋战国时期，三年轮种一次的休耕法和二圃制占支配地位，且三圃制也逐渐发展起来，并借引《吕氏春秋·任地》中的“凡耕之大方，力者欲柔，柔者欲力；息者欲劳，劳者欲息”来说明休耕制度在当时的重要性。需要指出的是，有学者认为“菑新畬”制、易田制和田莱制实际上是“休不耕”的轮荒制，与现代意义的“休而耕”的耕作制度存在很大的差异，并不能将二者完全等同（郭文韬，1991)。但是考虑到当时生产环境和条件的限制，这种耕作模式实际上也是一种很大的进步。

杨怀森（1987）根据《氾胜之书·卷上·耕田篇》中的记载——“脯田[②]与腊田[③]，皆伤田，二岁不起稼，则二岁休之”，“凡麦田，常以五月耕，六月再耕，七月勿耕，谨摩平以待种时。五月耕，一当三。六月耕，一当再。若七月耕，五不当一”，认为在西汉时期也实行休耕制。而根据刘巽浩（1993）的研究，从汉代至隋唐，我国开始实行轮种耕作制，它是在耕地连续种植的基础上实行作物与作物（主要是豆类作物与其他作物）轮换种植，再辅之以土壤耕作、人工施肥等，将用地与养地相结合，轮种耕作一直贯穿于整个封建社会，形成了我国的传统耕作制。至明清时期，耕地利用手段日益多元。明代农学家耿荫楼发明了“亲田法”，“除将八十亩照常耕种外，拣出二十亩，比那八十亩件件偏他些，其耕种、耙耢、上粪俱加数倍”“待明年又拣二十亩之地，照依前法作为亲田”。清代杨屾在《知本提纲》中则将用地与养地的关系总结为“产频气衰，生物之性不遂；粪沃肥滋，大地之力常新”。北方地区粮棉轮作复种的一年两熟、两年三熟制和南方地区的以水稻种植为中心，以水旱轮作为基础的一年两熟与三熟制得到了全面发展（陈桂权，曾雄生，2016)。此后，耕作制度在实践中不断发展，耕地休耕的表现形式也在实践中不断丰富（黄毅，邓志英，

① 根据汉经学家郑玄的解释，“不易之地，岁种之，地美，故家百亩；一易之地，休一岁乃复种，地薄，故家二百亩，再易之地，休二岁乃复种，故家三百亩”。其中，“易”即轮换，指轮换休闲，“不易”即连年耕作种植；“一易”即耕种一年，休闲一年；“再易”即耕种一年，休闲两年。

② 专指严冬天寒地冻、土地缺乏养料时所耕之田。

③ 专指秋天缺少雨水时所耕之田。

2018)。2001年开始在全国推行的退耕还林还草与耕地休耕有共性之处，但是休耕比退耕所涉及的面更广，涉及的人口数量更大，政策性也更强（牛纪华，李松梧，2009）。

1.1.2 现实背景：耕地休耕是实现耕地生态安全与粮食安全的现实政策选择

作为世界上最大的发展中国家，我国用全球8%的耕地资源生产了全球21%的粮食（黄国勤，赵其国，2017a）。特别是在2003—2015年间实现粮食产量“十二连增”，农民收入超过万元大关①，粮食生产保障能力得到了极大的提升。2016年，由于主动型农业结构调整和气象灾害影响，全国粮食总产量与2015年相比减少520.1万吨②，但是持续多年的高粮食产量不仅让国人把饭碗牢牢端在自己手上，更为转型时期中国经济的平稳健康发展奠定了物质基础（黎东升，曾靖，2015）。然而，一系列数据表明，光鲜亮丽的增长现象背后，是土壤、地下水等多种资源要素的巨大压力。2014年，原环境保护部（现生态环境部）和原国土资源部（现自然资源部）联合发布的《全国土壤污染状况调查公报》显示③，我国有接近20%的耕地已被污染，土壤点位污染超标率为19.4%，而在20世纪80年代，农田土壤污染率不足5%（陈印军等，2014）。特别是经济发达地区和部分城市周围及交通主干道沿线，土壤重金属和有机污染物严重超标（徐明岗等，2016）。与此同时，根据原农业部（现农业农村部）的资料，我国耕地中中低产田面积高达70%，旱涝保收高标准基本农田的比重很低（韩长赋，2011），且我国化肥和农药使用量占到全球的1/3（付国珍，摆万奇，2015）。一边是城镇化的快速推进侵占了大量优质耕地资源（李秀彬，1999；蔡运龙，2000；吴克宁等，2006；卢新海，黄善林，2010），耕地资源总量持续降低已成为我国目前乃至可预见的时间里，土地利用变化的主要特征

---

① 人民网．粮食产量何以“十二连增”[EB/OL]．[2015-12-09]．http://politics.people.com.cn/n/2015/1209/c1001-27903110.html.

② 财新网．粮食产量结束连增　十三年来首降[EB/OL]．[2016-12-09]．http://china.caixin.com/2016-12-09/101025158.html.

③ 2018年3月13日，十三届全国人大一次会议表决通过了关于国务院机构改革方案的决定，对国务院设置组成部门进行了调整。详见新华网：http://www.xinhuanet.com/2018-03/17/c_1122552185.htm.

（李效顺等，2014；谭永忠等，2017）；另一边则是长期“高投入、高产出”的农业生产模式导致耕地资源高强度、超负荷利用，耕地基础地力不断弱化，有机质含量持续降低（赵其国等，2006），农业面源污染严重，给未来粮食安全造成巨大的潜在威胁（张元红等，2015）。

事实上，为有效缓解与改变我国耕地资源数量和质量不断下降的不利局面，我国建立了基本农田保护、耕地总量动态平衡、土地用途管制等一套完整、严格的耕地保护制度（翟文侠，黄贤金，2003；Cheng et al，2015）。原国土资源部也明确指出要将耕地质量建设与管理作为国土资源管理部门的一项重要工作长期来抓[①]。然而，从现实情况来看，目前的以耕地保护为核心的土地管理政策与当前快速城镇化的经济发展趋势不相符合（钱忠好，2002；蔡运龙，霍雅勤，2002；Zhang et al，2014），这些管理规则随着时间和地域的变化，一再被各级地方政府在讨价还价甚至抵制中发生扭曲（吴次芳，谭永忠，2002），最终导致耕地保护政策效果和效率低下，并未达到预期目标（Lichtenberg and Ding，2008；刘彦随，乔陆印，2014）。

在当前耕地质量总体较低、耕地地力退化严重以及耕地保护政策运行不畅的形势下，理清经济发展与耕地保护的内在关系，探寻耕地资源地力培育及生态修复的长效机制已成为耕地资源可持续利用、农业可持续发展亟须解决的关键问题。而耕地休耕坚持产能为本、保育优先、保障安全，是一项有利于耕地“休养生息”和农业可持续发展的重要举措，将成为生态文明建设背景下耕地绿色、和谐、生态利用的重要着力点和实现路径。

1.1.3 理论背景：政策评估是决定耕地休耕政策走向的基础依据与参照

耕地休耕政策评估是构建我国耕地休耕制度基本框架的重要内容之一（陈展图，杨庆媛，2017；杨文杰，巩前文，2018）。美国著名公共政策学家戴伊（Dye）（1984）在其经典著作《理解公共政策》（*Understanding Public Policy*）中介绍了一种过程模型（Process Model），认为公共政策通常按照如下顺序展开：问题界定→议程设置→政策形成→政策合法化→政策实施→政策评估。其

① 2012年原国土资源部发布的《关于提升耕地保护水平全面加强耕地质量建设与管理的通知》（国土资发〔2012〕108号），标志着耕地数量、质量并重保护的理念与行动，已经转化为具体的政策措施。

中，政策评估是对政策执行过程中或执行后的信息进行大范围、大规模搜集的基础上，依据一定的程序与标准，对政策的价值、效率、效益等进行综合评判的政治行为（Fischer，1995；陈振明，2003；牟杰，杨诚虎，2006），是政策执行过程中具有重要意义的关键环节，也是目前社会科学中较为活跃的研究领域之一（谢明，2012）。

2013年11月15日，《中共中央关于全面深化改革若干重大问题的决定》指出，要"调整严重污染和地下水严重超采区耕地用途，有序实现耕地、河湖休养生息"。2015年9月，中共中央、国务院印发了《生态文明体制改革总体方案》（中发〔2015〕25号），第34条明确规定，要"建立耕地草原河湖休养生息制度"，积极推进"长株潭地区土壤重金属污染修复"和"华北地区地下水超采综合治理"等试点工作。同年10月29日，党的十八届五中全会通过了《中共中央关于制定国民经济和社会发展第十三个五年规划的建议》，指出要在现阶段耕地开发利用强度过大、生态环境严重恶化和国内外粮食供给较为宽裕的时期，"实施'藏粮于地、藏粮于技'战略""探索实行耕地轮作休耕制度试点"。这是生态文明建设背景下解决耕地利用问题的重要路径，也是创新耕地保护和粮食安全路径的重大战略部署，"既有利于耕地休养生息和农业可持续发展，又有利于平衡粮食供求矛盾、稳定农民收入、减轻财政压力"。

2016年中央一号文件再次重申了推进耕地休耕试点和制定耕地休养生息规划等。2016年6月30日，国务院发布《探索实行耕地轮作休耕制度试点方案》，提出在地下水漏斗区（河北省）、重金属污染区（湖南省）、生态严重退化地区（甘肃省、贵州省、云南省）开展耕地休耕试点工作，并对不同区域的休耕试点规模、技术路径、补偿方式及标准等都进行了具体安排。2016年11月18日，国家发展改革委员会、原国土资源部、原环境保护部等八部委联合印发了《耕地草原河湖休养生息规划（2016—2030年）》，要求"到2030年，在确保重要农产品供需平衡的前提下，逐步建立合理的休耕制度，有效治理受污染耕地，促进耕地地力恢复和生态环境改善"。2017年2月28日，原农业部在北京举行的"耕地轮作休耕制度试点推进落实会"上，宣布我国2017年耕地休耕规模将扩大至200万亩。在2018年2月份举行的耕地轮作休耕制度试点情况发布会上，种植业管理司司长曾衍德表示，2018年，将会在规模和区域上扩展休耕试点，新疆塔里木河流域地下水超采区和黑龙江寒地井灌稻地下水超采区将会被纳入休耕试点范围。

目前，国家级耕地休耕试点工作在河北、湖南、甘肃、云南和贵州几个省份有序推行，各省都结合当地实际，出台了相应的试点实施方案，相关制度规范也逐渐完善。江苏省则积极响应国家政策安排，率先自主开展省级耕地休耕试点工作，力争走出一条经济发达省份的耕地休耕新路①，为推行全国性的耕地休耕政策探索路径、积累经验。通过对耕地休耕政策的整体研判与评估，一方面可以检视该政策的既定目标实现程度，另一方面可以总结政策执行过程中的经验教训，保证休耕过程中各类要素的高效、合理配置，将直接决定耕地休耕政策的未来发展走向及全国性推广步伐。

1.2 研究目的与意义

1.2.1 研究目的

本书的总体目的是对耕地休耕政策进行系统审视和解构，探索构建耕地休耕政策评估的基本思路、主要框架与方法，掌握耕地休耕政策的基本情况，探寻耕地休耕政策高效运行的关键维度和主要策略，为实现耕地保护、生态保护、粮食安全和政府财政平衡等多重目标的融合提供理论依据与行动指南。

(1) 理论上，构建耕地休耕政策评估的理论分析框架

本书将综合运用土地科学、政策科学等多个学科的基础理论知识，理清耕地休耕及耕地休耕政策的基本内涵，重点梳理、对比目前理论界有关政策评估的基本论断和分析框架，明晰耕地休耕政策评估的核心要素与维度，形成完整的耕地休耕政策评估体系和逻辑框架。

(2) 实践上，掌握耕地休耕政策的整体情况并进行科学评估

本书将在传统政策评估方法的基础上，结合耕地休耕政策的基本属性，借鉴统计学、系统科学等学科的建模思想和方法，构建费希尔政策评估框架下耕地休耕政策评估的量化模型，在通过宏观数据搜集、微观资料调研等方式获得所需资料并进行预处理后，对耕地休耕政策评估进行实证检验。

① 农民日报．江苏：走出一条经济发达省份耕地轮作休耕新路[EB/OL].[2017-09-01].http://www.tudi66.com/zixun/5382.

(3) 政策上，明确耕地休耕政策优化的主要路径与策略

本书将遵循“解决问题、服务决策”等原则，根据耕地休耕政策评估的理论探讨和实证分析，对耕地休耕政策进行整体把握与评判，探讨耕地休耕后续政策完善、设计时关键突破口和主要切入点，分析耕地休耕政策可持续运行的主要路径与策略。

1.2.2 研究意义

本书立足于我国经济社会发展和耕地利用面临的新形势、新要求，综合运用土地科学、政策科学、系统科学等多个学科的知识对耕地休耕政策这一兼具实践、理论和社会问题属性的命题进行解构与评估，探索耕地休耕政策优化的主要路径与策略，具有较强的理论参考价值和现实指导意义。

从理论层面来看，创新耕地休耕的研究视角，扩展耕地休耕的研究内涵与层次。实行耕地休耕是我国在特殊的国内外背景下，充分发挥粮食生产能力的蓄水池功能，降低粮食安全保障成本的现实必然选择。本书将政策科学与耕地休耕问题相结合，在构建耕地休耕政策评估的理论框架与量化模型后，对耕地休耕政策进行实证评估与分析，不仅可以丰富政策评估的研究案例与应用范畴，而且给研究耕地休耕问题提供了新的切入点，有利于扩展该主题的研究广度和深度。

就现实层面而言，为各级政府耕地休耕宏观管理及决策提供行动指南。耕地休耕政策表明了我国政府在耕地保护、粮食安全等方面的一贯主张和态度，也体现了未来土地管理制度创新的基本取向。本书在构建耕地休耕政策评估框架后，在现实中寻找分析基础和支撑，并通过实证层面的目的性延展与深化，最终落脚到耕地休耕政策优化上，重点思考政策优化的主要方向和策略，有利于彰显耕地休耕政策的实践活力，对各级政府耕地休耕决策及耕地管理也具有极大的参考和指导价值。

1.3 国内外文献回顾

美国是目前世界上耕地休耕政策体系最成熟、最完整的国家，欧盟诸国、加拿大、日本等也先后开展了耕地休耕实践（饶静，2016；杨庆媛等，2017），

常用的表述有“land retirement”“agricultural land retirement”“cropland retirement”“land to lie fallow or set-aside”“fallow”等。然而，基于国情约束，我国除台湾地区外，其他地区此前并没有大规模的耕地休耕实践和制度设计(寻舸等，2017)。现代意义上的耕地休耕在我国大陆尚处于发展阶段，还没有引起学者们的系统关注（俞振宁等，2017a)，直接有关这一主题的成果并不丰富，且主要集中在近几年。

1.3.1 国外文献回顾

(1) 政策评估理论与方法

评估（evaluation)，又称“评价”，通常与估计、估量等词语表示同样的内涵[①]，即评估主体根据相关标准，对特定事物或现象（评估客体）做出的价值判断[②]。不同的评估客体会形成不同的评估类型。国外的“评估”工作最早出现在工业生产中的管理领域，标志性事件是“科学管理之父”泰罗（Taylor）于1881年开始的工时与工作方法的研究以及行为科学创始人梅奥（Mayo）教授从1927年开始接手的霍桑实验，前者主要是评估工人的工作行为对管理效率产生的影响，后者则主要是考察非正式组织对生产效率的影响[③]。

政策评估是政策科学一个重要的概念，它是以特定政策为对象的综合评判，也是目前社会科学研究中的一个重要领域。1935年，美国著名社会学者史蒂芬(Stephan）通过实验设计与数理模型相结合，对时任总统罗斯福的新经济政策展开评估，标志着政策评估开始步入层次更为丰富的系统科学范畴[④]。1951年，斯坦福大学的勒纳（Lerner）教授和拉斯韦尔（Lasswell）教授合著的《政策科学：范畴与方法的近期发展》（*The Policy Sciences: Recent Developments in Scope and Method*)，将政策评估作为政策过程的七个关键环节之一，随后，拉斯韦尔在其著作《决策过程：功能分析的七种类别》（*The Decision Process: Seven Categories of Functional Analysis*)(1956)中也对政策评估进行了系统阐述。但是系统、科学的现代政策评估工作主要起源于20世纪60年代，当时一些国家为了消除第二次世界大战所产生的不良后果，出台了一系列经济恢复措

---

① 邓恩. 公共政策分析导论［M］. 谢明，等译. 北京：中国人民大学出版社，2002：435.

② 林修果. 公共管理学［M］. 长春：吉林人民出版社，2006：193.

③ 牟杰，杨诚虎. 公共政策评估：理论与方法［M］. 北京：中国社会科学出版社，2006：44.

④ 郑中华. 基于制度视角的高等教育政策评估［D］. 合肥：中国科学技术大学，2009.

施和社会福利改善政策，并催生了大量政策评估的经典论著，如萨茨曼(Suchman)的《评估研究：公共事务与执行程序的理论和实践》(*Evaluative Research: Principles and Practice in Public Service and Social Action Programs*)(1967)，韦斯(*Weiss*)的《评估研究：项目有效性的评估方法》(*Evaluation Research: Methods of Assessing Program Effectiveness*)(1972)，罗西(*Rossi*)和威廉姆斯(*Williams*)的《评估社会规划》(*Evaluation Social Programs*)(1972)，本纳特(*Benett*)和努斯戴恩(*Lumsdaine*)的《评估与实验：评估社会规划的若干关键问题》(*Evaluation and Experimentation: Some Critical Issue in Assessing Social Program*)(1975)，斯塔宁(*Struening*)和古坦堂(*Guttentag*)的《评估研究手册》(*Handbook of Evaluation Research*)(1975)等。1995年，费希尔(*Fischer*)创造性地将政策科学中的工具理性维度和价值维度进行整合，构建出了一个全新的政策评估框架体系，极大地促进了政策评估领域的发展。2002年，那格尔(*Nagel*)出版了《公共政策评估手册》(*Handbook of Public Policy Evaluation*)，标志着政策评估进一步走向成熟。

然而，经过半个多世纪的发展，国外学者们对政策评估的内涵并没有形成共识。政策方案的评估(Lichfeild，1975；Nagel，1988)、政策效果的评估(Wholey，1970；Jones，1977；Dye，1984)和政策全过程的评估(Anderson，1990；Fischer，1995；Dunn，2011)是其中较为典型的观点，视角虽然不同，但是这些观点对政策评估内涵的界定并不冲突，它们是从不同侧面对同一个问题的系统阐述，相互之间存在很大的关联性与交集。同时，政策评估理论的演进过程实际上也是政策评估方法的发展与创新过程。根据美国著名学者古贝(Guba)和林肯(Lincoln)(1989)的研究，政策评估方法主要经历了"测量""描述""判断"和"协商/回应性建构主义评估"四个发展阶段。特别是20世纪90年代以来，随着政策评估理论的进一步发展与完善，政策评估方法的形式与内容都变得更加多元化。为增强评估过程的便利性，一些政策评估者尝试着把评估方法规范成具体的模式。美国学者豪斯(House)(1980)就将西方政策评估的模式总结、归纳为系统分析、行为目标、决策制定、无目标、技术评论、专业总结、准法律和案例研究八种，并对各种模式的对象、方法论及典型问题等进行了系统阐述。邓恩(Dunn)依据评估的假设标准，形成了伪评估、正式评估和决策理论评估三种政策评估模式[①]。韦唐（Vedung）（1997）则以古贝和林肯的研究为基础，形成了以效果模式、经济模式和职业化模式为核心的政策评估模式系统分类框架，并归纳了十种具体的评估模型。斯塔弗尔比姆（Stufflebeam）（2000）列举了自评估工作开展以来所形成的二十二种评估模式，并且进一步地将它们归纳为伪评估、问题取向、决策取向和社会回应取向四种模式。

（2）耕地休耕政策的形成背景

美国著名经济史专家格拉斯（Gras）教授（1946）在其著作《欧美农业史》（*A History of Agriculture in Europe*）中提出，休耕是按照一定的计划，轮流休闲一部分土地以恢复地力，它并非简单的搁置不用，而是选择适当的时机进行耕耙，将青草耕入土中。目前，国外学者们普遍认为耕地休耕是土地所有者或使用者为提高以后的耕种效益、实现土地可持续有效利用，在作物收割后通过一定的科学技术手段，采取的一定时期内耕地休养生息——不耕种，以保护、养育、恢复地力的一种措施（Carr，2015）。

进入20世纪以后，伴随着科学技术的快速发展，世界各国的社会经济发展水平都得到不同程度的提升，土地利用手段也日益丰富（Long et al，2007；Lambin and Meyfroidt，2011）。特别是农用地的大规模开发与利用，为区域发展提供了重要的物质基础（Gal and Hadas，2013），但是也带来了诸多负面效应。一方面，农业生产水平的提高和可耕作土地规模的扩大使得粮食产量稳步增长，也导致一些国家和地区出现了严重的农产品“供过于求”状况，粮食库存压力增大（Steiner，1989；Plantinga et al，2001）；另一方面，土地资源的超强度或无序利用破坏了区域土地利用系统的整体结构，造成了土壤肥力下降、水土流失等问题，生态严重退化，给自然环境和人居环境造成了一定程度的负面冲击（Boardman and Poesen，2006）。

从欧美国家和地区的实践来看，美国的休耕主要是为了解决粮食生产过剩和生态环境问题（Steiner，1989；Plantinga et al，2001）。20世纪30年代初，为保护自然生态环境、提高农业生产能力，美国内政部（Department of

① 邓恩．公共政策分析导论［M］．谢明，等译．北京：中国人民大学出版社，2002：437-445.

Interior，DOI）创立了土壤侵蚀服务所[①]，并相继出台多项法案，制定具体的项目计划与方案，开展系统的土地退耕与土壤保护工作。1985年，美国农业部（United States Department of Agriculture，USDA）下属的农场管理局（Farm Security Agency，FSA）在《食品安全保障法案》（*Food Security Act*）中提出CRP（Conservation Reserve Program）计划（Smith，1995），正式确立土地休耕计划。该计划设立的主要目标就是减轻或缓解那些已经被高度侵蚀土地的水土流失状况，同时还包括减少农产品供应，为项目参与者提供收入支持，提高环境效益，如改善水质和野生动物栖息环境等（Marton et al，2014），并于1986年起成为一项全国性的农业生态建设项目。加拿大政府从20世纪70年代开始在西部平原比较干旱的地区推行休耕项目，旨在缓解严重的土地退化现象，培育土壤肥力，每年有超过10万平方公里的土地进行休养生息（Knight，2010）。欧盟的休耕行为始于1992年的麦克萨利（Ray Macsharry）改革，最初的目的是培育地力，减轻农业生产对环境的负面影响（Dobbs and Pretty，2008），而随着休耕政策的不断发展与完善，其作用范围也更加宽泛，包括参与宏观调控、平衡粮食供需等（Turĉeková et al，2016）。瑞士的休耕项目也开始于20世纪90年代初，当时是作为控制粮食生产的一个重要手段，但同时获得了较好的生态环境效应（Schneider et al，2010）。

从亚洲国家的实践来看，日本的休耕项目开始于1971年。当时日本政府主要针对粮食生产量过大的现实情况，将休耕作为一种控制供给的手段，以减少粮食剩余，并未提出具体的生态环境目标，而在休耕政策的实施过程中，日本政府不断根据农田和农产品供求情况调整政策内容。1993年，在新产品调整促进计划中，日本政府提出要将生态环境改善作为农田休耕项目的政策目标，并制定了具体的农田休耕办法与计划（Sasaki，2010；Hashiguchi，2014）。1995年，日本政府在《主粮法》（*Staple Food Law*）中首次在法律层面确定了休耕的重要性和必要性（Shoichi，1998）。目前，日本的休耕项目已经从早期的控制粮食生产为主转变为重视生态保护、农田保护等（Feng and Xu，2015）。

（3）耕地休耕政策的实施机制

从主要国家和地区的休耕实践来看，耕地休耕政策有效实施的关键在于拥有完整的组织架构、科学的运行程序和合理的补偿机制等。

---

① 该所成立后不久便改由农业部领导，并于1935年改为土壤保护服务所。

首先，在组织架构方面，通常是在政府的统筹安排与指导下，由专门的部门或机构（如农业管理部门）牵头，同时在其他相关部门，如财政、土地、环境等管理部门的配合协调下，有序开展耕地休耕政策（Vol，1994；Wallender et al，2014）。以美国的CRP计划为例，该计划主要涉及联邦政府、州政府及土地所有者等。联邦政府负责整个休耕政策体系的设计、资金的筹措及具体的组织实施等。其中，休耕政策体系及制度建设等主要由国会授权农业部负责；商品信用公司（Commodity Credit Corporation，CCC）负责资金筹措，所得资金主要用于支付每年巨额的休耕补偿款，并且在政府与农场主协商的基础上，签订休耕期为10～15年的休耕合同；FSA则负责休耕政策的组织实施，包括整体的推进方案、补偿安排等。州政府主要负责休耕政策的落实及具体项目的实施、监督及管护等，确定休耕的技术模式及补偿发放等（Young and Osborn，1990；USGA Office，1995）。在这个过程中，自然资源保护服务所（Natural Resources Conservation Service，NRCS）在技术层面对申请休耕地块的土壤状况进行检测与评判，并对休耕地在休耕过程中的要素变化情况进行统计与分析，为农场主或规模较小的农户提供相应的作业计划，并为休耕地的技术使用及管理提供指导（Tillman，2013）。土地的所有者或实际经营者向州政府提供具体的休耕计划，以协助州政府了解休耕地的基本情况，确定休耕地的数量与位置并制定科学的实施方案（Cooper and Osborn，1998）。德国（Montanarella，2008）、加拿大（Page，2014）、瑞士（Schneider et al，2010）、日本（Hashiguchi，2014）等国的相关部门与机构在休耕过程中也都有明确的职能划分与安排。

其次，在运行程序方面，通常包括两种模式。第一种是自上而下的政府强制实施，主要以欧盟诸国为代表。1992年的麦克萨利改革规定农场主每年必须将一定比例的耕地进行休耕，特别是那些接受价格补贴且谷物总产量折合超过92吨的农场主，每年必须至少休耕15%的耕地[①]。但是欧盟的休耕规模会根据粮食生产及全球粮食供求状况进行相应的调整，自2000年后基本维持在10%左右（Morris et al，2011）。2006年，根据国际粮食市场发展情况，欧盟农业部部长在布鲁塞尔举行的会议上就指出，“在2007年秋至2008年春将欧盟境内休耕率由10%降为0”（Siebert et al，2010）。同时，在欧盟内部，各国的休耕政策

① 对于那些总产量低于92吨的小农场主或农户而言，可以自愿休耕，自愿休耕不受面积限制，但是最高补偿面积为耕地总面积的33%，超过部分将不会给予补偿。

除了遵循麦克萨利改革的规定外，还会结合本国的具体情况，形成一些具有本国独特属性的规则与措施。如德国农场规模在100公顷以内的最高可申请休耕5公顷，超过100公顷的可达10公顷（Luehe et al，2007）。

第二种是自下而上的自愿申请实施，主要以美国、日本等为代表。美国的CRP计划在实施初期主要采取"农户自愿申请＋政府审批"的形式，首先由农户提出休耕申请，说明自己拟休耕土地的类型、面积、具体的休耕计划及期望的补偿金额等，农业部门根据当地的土地利用状况及平均生产水平确定不同类型土地的合理补偿额度，并依据相关技术标准对农户申请的休耕地土壤自然状况进行审查，进而对农户的申请进行筛选。通常只要农户的申请补偿额低于或等于规定的最高标准便会获得批准（USGA Office，1995）。CRP对农户的休耕规模有明确规定，但是对于休耕后土地利用方式的选择并没有严格约束。1990年《粮食、农业、水土保持和商业法》(*Food*，*Agriculture*，*Conservation*，*and Trade Act*，*FACTA*)[①] 实施后，农场管理局开始利用环境效益指数(Environmental Benefits Index，EBI)[②] 对申请地块进行估算评级，并根据综合评判结果决定将哪些土地纳入休耕计划（Hajkowicz et al，2009）。日本也实行自愿申请制，但是在具体的实施过程中，日本的农林渔业部（Ministry of Agriculture Forestry and Fisheries）和农业协同工会（Japan Agricultural Cooperatives）会以村域整体，而不是农户个体为单位，下派稻田转作任务(Hashiguchi，2014)。

最后，在补偿机制方面，各国都形成了极具特色的补偿体系以保障休耕政策的有效实施。美国政府对参与休耕项目的农户或农场主给予补偿，1990年以前是固定补偿标准，主要包括土地租金和休耕地上一系列保护措施的成本两个方面。其中，土地租金主要以市场价格为参照，而对于参与主体的植树、种草及其他保护行为将给予不超过50%的成本补偿。1990年以后引入了市场机制，通过竞标的方式来确定补偿合约（Johnson et al，1993）。

英国与日本都根据休耕方式的不同而进行差异化补偿。在英国，农场主将其所拥有耕地的20%用于轮耕或永久性休耕，将分别获得不同额度的补贴，而

---

① 又称1990年农场法案（*Farm Bill*）。

② EBI计算所涉及的环境指标是不断变化的，主要计分因素包括野生动植物、水质、土壤侵蚀、持久性效益、空气质量和实施成本。

且，英国休耕补偿机制的一个最大特点是与养老金结合，那些直接放弃经营地的小农场主将获得2000英镑左右的补偿或者领取终生养老金，也可以选择在签订30年以上的休耕协议书后，每年领取不超过125英镑/公顷的补贴(Lienhoop and Brouwer，2015)。在日本，休耕项目通常包括轮种休耕、管理休耕和永久性休耕三种类型，前两种的补偿标准一致，每年补偿18.5美元/公顷，但是当土地利用主体除了使用常规的技术手段外，还利用更有效的水土管护方式时，日本政府将会酌情提高补偿标准；永久性休耕在整个休耕地中的比重并不大，补偿标准介于11美元/(公顷·年)至133美元/(公顷·年)之间(Nakamura，1988)。

欧盟规定不同国家和生产区单位休耕地上的补偿额度应该与单位面积上的作物补贴相当(Baylis et al，2008)，也是对不同休耕方式采取不同的补偿方式(Zilberman et al，2006)。除此之外，这些国家基本都建立了较为完善的奖惩机制，特别是对那些主动减少农业污染物排放、采用环保型土地利用技术等措施的休耕主体提供各种形式的奖励(Zilberman et al，2006)。比如日本政府为引导农户休耕，对那些积极性不高且不配合的农户征收每公顷10万到20万日元不等的代偿费，以增加他们继续耕种的成本，而对于那些积极性高且参与度高的农户则会给予每公顷7万到50万日元不等的补助金额(Sasaki，2005)。Xie et al (2018) 对耕地保护过程中主要利益主体的行为选择进行了分析，指出为提高农户耕地休耕的参与热情，政府应该构建一个动态补偿机制。

(4) 耕地休耕政策的效果评估

目前国外学者们对这一内容的研究主要包括对耕地休耕政策实施后所产生的社会经济效果和生态环境效果分析两个方面。

在耕地休耕政策的社会经济效果上，学者们主要从粮食安全、农户福祉、市场调控等视角进行研究。

就粮食安全而言，有学者指出，耕地休耕意味着劳动力、机械等各种生产资料投入的降低，会在一定程度上减少农产品产量，给农业生产与调控造成一定的负面影响，很多国家在实行休耕政策后，都面临着不同程度的粮食减产问题(Wu，2005)。然而，一旦休耕地的潜力得到充分挖掘，将会提高作物产量，保障粮食安全，对于缓解区域贫困状况也具有极大的促进作用(Krasuska et al，2010)。

就农户福祉而言，主要包括对农户收入水平、消费水平、劳动力转移、日常休闲等方面的影响。Kaldor (1957)、Barr et al (1962) 等认为休耕计划能够增加农户的非农就业机会，加快农场整合与农村劳动力转移。Chang et al (2008) 指出，休耕补贴会额外增加农户的收入，因此参与耕地休耕项目会影响农户的经济福利，而且农户收入水平的不同会使得这种影响程度也存在差异，并利用分位数回归方法探讨了休耕对农户家庭收入与消费情况的影响。除经济收益外，耕地休耕（或类似的土壤修复、保护项目）也能够提供巨大的社会效益（Margarit，2015）。Feather et al (1999) 研究了休耕项目对户外休闲，如水上娱乐、狩猎、自然观赏等的影响。Bangsund et al (2004) 发现在美国北达科他州西部和中部，娱乐消遣几乎完全抵消了农业收入减少所造成的负面效应，在他们看来，尽管休耕使他们所获得的农产品减少，但是狩猎野鸡和水禽等的机会却越来越多。

就市场调控而言，Carr (2015) 研究了如何利用美国的农用地休耕来控制产品供应，以维持生产价格。Siegel and Johnson (1991) 指出，休耕计划的实施在一定程度上稳定了粮食价格，是调控市场的有效手段。Taff and Wesisber (2007)、Schmitz and Shultz (2008) 分别以美国明尼苏达州和北达科他州为研究样本，发现休耕项目会导致农田价格的降低。

其次是生态环境效果，耕地休耕成功将那些生态环境脆弱、敏感的土地从农业生产中脱离出来（USGA Office，1995)，而且已有大量研究指出耕地休耕在改善土壤肥力（Margarit，2015；Leroy，2016)、减少水土流失（Sullivan et al，2004)、创造野生动物栖息地（Margarit，2015，Johnson et al，2016)、改善水质（Rao and Yang，2010)、保护生物多样性（Szentandrasi et al，2010)、减少温室气体排放（Gelfand et al，2011）等方面会产生积极效果。

在土壤肥力与水土保持方面，Reeder et al (1998) 指出，土壤有机质含量的提高会改变土壤结构，增强土壤的渗透性能和养分保持能力，而休耕地不仅能够减少土壤侵蚀，而且也是有机碳的主要来源（Margarit，2015)。Landgraf et al (2003) 以德国萨克森州为研究对象，选取不同深度的土样，对休耕期内土壤有机碳等营养成分变动情况进行了分析，指出休耕地的土地侵蚀状况得到了有效缓解，而且生物量与休耕前相比有明显增加。Norgrove and Hauser (2015) 认为休耕能够消除杂草、害虫及其他农业生产的不利因素，提供绿肥和其他农产品，重塑土壤肥力，直接影响到未来的作物生产能力。

在动物栖息地方面，Ribaudo et al (1994)、Purkey and Wallender (2001) 认为耕地休耕是一种生境恢复的重要手段，能够有效减少农业面源污染，而且能够增强栖息地的多样性和连通性。Marshall and Homans (2004) 基于环境和成本双重约束，利用元胞自动仿真模型揭示了休耕对动物栖息地的影响机理。

在水质方面，Young and Osborn (1990) 利用NRI数据分析了休耕项目对水质、野生动物和土壤生产力等方面的影响。Rao and Yang (2010) 以美国俄克拉何马州得克萨斯县内潘德尔德地区为研究样本，利用SWAT水文模型和GIS分析法对休耕与地下水位变化之间的关系进行了研究，指出在1990年至2000年间，休耕规模与地下水位差异之间存在显著的空间相关性。

在生物多样性方面，Best et al (1997) 发现休耕区域的鸟类总量是作物种植区的1.4到10.5倍。Mcintyre and Thompson (2003)、Fields (2004) 指出美国土地休耕计划的实施使得节肢动物的种类增加。Fraser and Stevens (2008) 认为休耕项目不仅有利于保护生物多样性，而且能够有效保障农业的可持续发展。Szentandrasi et al (2010) 研究了CRP作为一种生物多样性保护计划的成本，并就如何通过CRP保护野生动物栖息地提供了针对性的对策。

然而，也有一些学者指出休耕会造成一些负面生态环境效应，如增强土壤容重 (Warren et al, 1986) 与侵蚀程度 (Weltz et al, 1989)，最终造成土地退化。

1.3.2 国内文献回顾

(1) 政策评估理论与方法

我国政策评估研究始于20世纪80年代初，是一个新兴的研究领域（陈世香，王笑含，2009)。与国外学者一样，国内学者对政策评估内涵的理解也存在差异。

我国台湾学者林水波和张世贤 (1997) 认为，政策评估是评估现行的某一个政策在完成目标过程中所产生的效果，并且构建了相关原则来评判特定情景内所产生的现实效果到底是政策本身所产生还是其他外部因素所导致。我国著名政策科学研究者谢明 (2004)、陈庆云 (2006) 等都认为政策评估就是以政策效果为核心的研究。然而，陈振明 (2002) 指出，政策评估是一种具有特定标准、程序和方法的研究过程，是对政策效果、效率及价值等进行的综合判断，是决定政策调整及发展方向的基础性工作与重要依据。也有学者认为政策评估是对政策全过程的评估，不仅包括政策方案、政策效果，还包括政策需求、政策执行等。辛传海（2007）将政策评估界定为一种政治行为，认为政策评估是特定组织或机构，遵循相关程序与标准，对政策过程、结果、价值等进行综合判断的过程。张成福和党秀云（2001）、张金马（2004）、严强（2008）等也指出，政策评估是根据相关标准和现代社会科学研究方法，对个体或某一特定群体的政策需求、政策方案规划、政策执行情况、政策效果及所产生的影响等进行客观评价与考察。周建国（2001）、牟杰和杨诚虎（2006）等则强调从政策系统的组成要素来进行政策评估，他们认为政策评估是评估主体在特定的政策安排与制度设计下，根据相关程序与标准，对政策系统整体以及构成系统的各个要素（政策方案、目标、执行等）之间的相互关系进行全面或局部分析，以获得有价值的信息的过程。

除了基础内涵外，学者们还对我国政策评估的整体发展过程及现实状况进行了思考（高兴武，2008；陈玉龙，2017）。也有学者将政策评估理论运用到具体的政策领域中，包括科技创新政策（匡跃辉，2005）、教育发展政策（薛二勇，李廷洲，2015）、产业发展政策（俞立平等，2018）、环境政策（宋国君等，2011）、土地管理政策（韩冬等，2012）等，探讨不同领域政策评估标准、评估内容与方法等。

就具体的评估方法来看，通常可以根据评估手段的不同分为定性评估方法和定量评估方法两种（郭巍青，卢坤建，2000）。其中，定性评估方法是评估者根据已有经验和逻辑性思维对评估对象进行的整体分析与判断，是对通过观察、谈话等渠道获得的文本材料进行收集、整理与解释，如情景分析法、合议分析法、德尔菲函询法、博弈分析法、制度分析法、价值分析法、案例研究法、对比分析法和主观概率预测分析法等。这些方法的理论性较强，可以反映出某一政策在作用于特定对象过程中的优劣状况，但是主观性也比较突出。定量评估方法是指评估者运用统计学、经济学、运筹学、系统工程学等相关学科的理论与方法，以待评估对象的数据信息为基础，建立政策评估的数理模型，并借助相关软件进行运算操作，得出评估结果的方法和技术。常用的定量评估方法如前后对比法、投入产出分析、成本收益分析、因子分析法、主成分分析法、数据包络分析法、系统动力学模型等（廖筠，2007），这些评估方法通过数据与事实的结合，能够有效减少评估活动中的主观价值判断和不必要的争论，增强评估过程和结果的科学性及整体质量。

也有评估者结合模糊数学的基本原理，将定性与定量评估方法有效结合，通过模糊综合评估方法进行政策评估。这已成为公共政策评估领域较具代表性的方法（易剑东，袁春梅，2013）。特别是随着研究的不断深化，一些经济学模型，如工具变量法、断点回归、双重差分法、倾向匹配方法等也被广泛应用到政策评估领域（卫梦星，2012）。但是我们应该看到，无论是定性还是定量评估方法，在具体的政策评估过程中，都不是完全割裂的，他们往往在同一政策的不同环节、不同侧重点或不同视角的评估过程中交叉使用。

(2) 耕地休耕的基本内涵

学者们从不同角度对耕地休耕的内涵进行阐释，对其属性和功能定位等也基本形成共识。从具体对象来看，张慧芳等（2013）、李凡凡和刘友兆（2014）都认为耕地休耕是对肥力不足、地力较差的耕地进行管护的方法，是一种恢复地力、调整农业种植结构、提高粮食产能的有效措施（陈展图，杨庆媛，2017）。

从耕作方式来看，崔和瑞和孟祥书（2006）、黄国勤和赵其国（2017b）、寻舸等（2017）指出，耕地休耕是指一定区域的耕地在可耕种的时节“不耕不种”或“只耕不种”的利用方式。

从作用效果来看，耕地休耕是增强土壤肥力、减轻农业污染、提高农产品安全性能、实现可持续发展的重要手段（徐文斌等，2014），特别是对于那些肥力较差的地块而言，耕地休耕能够有效避免耕地的无序抛荒（张慧芳等，2013）。

从作用过程来看，郑兆山（2002）指出，耕地休耕是在国家的宏观指导下，通过各级政府的有序组织与规划，有步骤地将一部分耕地闲置起来进行循环休耕，将粮食生产能力储存在土地上；也有学者表示，耕地休耕是一种由政府主导而产生的行为（江娟丽等，2017），是贯彻党中央、国务院“藏粮于地”“藏粮于技”重大战略的具体行动（黄国勤，赵其国，2017b）。

从基本类型来看，揣小伟等（2008）根据时间长短将耕地休耕分为轮作休耕、季节性休耕和年度休耕等类型。其中，轮作休耕是指将作物轮作与休耕有机结合，使得各个田区在轮作周期内可以依次轮流休闲[①]，比如在国外比较流行的“二圃制”“三圃制”“四圃制”（赵其国等，2017a）；季节性休耕是将耕地

---

① 根据赵其国等（2017a）的研究，轮作周期一般为3～5年，包含3～5个田区。

在某一个季节进行休闲，如冬闲、夏闲等，目前我国河北省就实行的是季节性休耕（柳荻等，2018）；年度休耕则是指耕地整年休闲。此外，在某些地力严重退化，生态极端脆弱的地区会实行10～15年休耕，即所谓长休（罗婷婷，邹学荣，2015）。目前在我国西北生态严重退化区和西南石漠化区，就采用的是边休耕边培肥的模式，定点连休3年（杨文杰，巩前文，2018）。朱立志和方静（2004）根据实施主体的自主性，认为耕地休耕可以划分为强制型休耕和自愿型休耕两种。目前我国台湾地区的耕地休耕主要有两种形式：第一种是种植绿肥、培育地力的休耕；第二种是呈荒废、闲置状态，不再进行农业生产活动的耕地（尤君庭，2011）。

随着研究的不断扩展，有学者指出，作为一个复杂的系统工程（牛纪华，李松梧，2009），对耕地休耕的内涵应该进行多层次、多视角解构与分析。特别是随着研究的扩展与深入，学者们逐渐将“休”和“养”这两个核心要素纳入耕地休耕的概念体系中（俞振宁等，2017a），成为定义耕地休耕时较具代表性的观点。尤君庭（2011）就指出，耕地休耕并不是停止进行农业活动，在我国台湾地区的《水旱田后续调整计划》中，对绿肥作物种植、生产环境维护或特殊休耕地地力维护等都会给予奖励。陈先浪（2016）认为耕地休耕是根据区域耕地资源利用状况，如利用程度、利用强度、利用效率等而提出的一种有效性耕地保护措施，它通过耕地利用方式调整和耕地资源在不同空间区域的再配置，实现耕地利用效率的最大化。詹丽华（2016）指出耕地休耕是通过可持续的耕作方式，如轮作、轮耕等，实现耕地资源的可持续利用，除了要通过科学的整治手段减少人类对耕地利用系统的负面干扰和消极影响外，关键是要通过科学的养护措施对那些休耕的耕地资源进行有效的管护。杨庆媛等（2017）也指出耕地休耕是一定时间范围内，为实现耕地休耕生息而采取的一系列“保护、养育和恢复地力的措施”。

(3) 耕地休耕政策的实施构想

主要包括两个层面的内容：第一是根据我国或某一区域耕地资源利用情况、粮食生产及其他社会经济指标变化情况，探讨我国实行耕地休耕政策的核心要点及关键要素，可视为“现实驱动”；第二是通过对典型国家或地区耕地休耕政策进行系统分析，总结出可供我国学习的具体经验，称为“经验导向”。

在“现实驱动型”的耕地休耕政策战略构想方面，张慧芳等（2003）针对我国耕地大面积抛荒和掠夺性开发等无序利用并存的现象，分析我国实施耕地休耕的必要性，并且针对我国实施耕地休耕可能遇到的难点，设计了"季节性休耕""流转＋休耕"和"休耕计划"三种休耕实施模式。揣小伟等（2008）针对我国耕地资源利用中的主要问题，分别设计了污染型休耕、中低产田休耕、水土流失型休耕以及轮作型休耕等模式，并分别测算出相应的耕地保有量。郑兆山（2002）对耕地休耕的对象及条件、休耕的比例及期限、休耕的补偿及标准、休耕的重要作用进行了分析。崔和瑞和孟祥书（2006）针对目前农村化肥、农药的过量使用造成日益严重的水源污染，以及土壤贫瘠化、物种单一化倾向，借鉴国外先进的农耕方式，提出了一种解决办法——休耕轮作，并从粮食安全问题、农民收入、改善土壤、物种保护等几方面论述了采用该方法的必要性及可行性。牛纪华和李松梧（2009）认为，农田超负荷耕种不仅加大了对土壤的扰动次数，加重了水土流失，导致土层变薄，质地变粗，肥力减退，地力下降，而且由于频繁、超量施用化肥、农药、农膜等，使农田变"硬"、变"馋"、变"娇"，主张实行政府主导、财政补贴的休耕制度，认为休耕重点是复种指数高的地块和水土流失较为严重的地块，建议休耕的比例为农田面积的10%，时间为1～3年。也有其他学者对我国实施耕地休耕的必要性、可行性、关键要点及实现路径进行了探讨（赵云泰等，2011）。钱晨晨等（2017）则指出，制定科学计划、明确休耕范围、进行有效监管、加大宣传力度、调整农业种植结构和确定合理补偿是我国有效推进耕地休耕的关键。陈展图和杨庆媛（2017）综合运用文献分析、逻辑推理和访谈调研等方法，从多元化休耕模式设计、休耕地识别、休耕规模确定及时空安排等八个方面构建了我国休耕制度的核心内容与框架。

也有学者结合特定区域的发展情况指出了耕地休耕政策实施的关键问题。王鹏等（2002）通过在湖南省祁东县紫云村进行的土地利用及农户经济行为调查，发现耕作方式的改变导致耕地土壤（尤其农田）有机质含量减少，理化性状变差，土壤自然肥力低下，土壤板结，认为应该建立合理的轮作体系，提高耕地复种指数，用地与养地相结合，促进农业生态系统的良性循环，在生产上采用相互配合的"轮耕制"，将常耕与少耕、免耕、深耕、浅耕等有机结合起来，促进土壤、作物、气候条件间的有机协调，实现全面与持续增产。谭秋成（2012）认为为保护丹江口水库水质，减少氮、磷流入水体，可考虑以生态补偿方式鼓励当地农民将部分土地休耕或退耕。张雪靓和孔祥斌（2014）从分析黄淮海平原粮食生产地位和地下水位快速下降的背景出发，计算了黄淮海平原

1980年以来地下水位的下降速度，分析了影响耕地功能分化和生态质量恶化的机理，认为黄淮海平原地下水严重超采的区域应实施耕地分区适度休耕制度，并且要建立完备的耕地休耕补偿机制。周振亚等（2015）认为对于我国河北、河南等省过度依赖井灌，导致地下水超采，地下水水位显著下降的地区，尤其是形成地下漏斗的区域应进行休耕，让地下水水位得到一定程度的恢复，同时要启动污染土壤修复工程，对于一些受污染的耕地采取生物的、化学的、物理和复合的方法进行治理，增加可利用的耕地面积。杨邦杰等（2015）从水资源短缺、土地资源不堪重负和冬小麦生产三个方面指出了京津冀地区水土利用的不可持续性，主张在不破坏耕作层的前提下采取不同的休耕方式，如在土壤污染、地下水超采和水土流失严重的区域实行长期或永久性休耕，在耕地地力破坏不太严重的地区实行环境修复型休耕，在水土资源组合状况较好的区域则根据粮食市场发展情况实行保护性休耕和市场调节性休耕，同时主张对休耕区域种植有益于土壤理化性质改良、提升土壤肥力特殊植物的农户给予合理的生态补贴。孙治旭（2016）根据云南省的耕地利用及地力退化情况，认为云南省耕地休耕的重点应该放在以下四类区域：一是重金属污染严重区域；二是城郊的蔬菜和花卉种植区域；三是大棚设施覆盖区域；四是长期覆盖地膜区域。主张分别在这些区域选择有代表性的耕地进行休耕试验，探索符合云南省发展状况的方法与模式并逐步推广。

在“经验导向型”的耕地休耕政策战略构想方面，向青和尹润生（2006）对美国环保休耕计划的实施情况及效益状况进行分析，认为在耕地休耕过程中应该做好以下四个方面的工作：第一是切实保障农民的长远利益；第二是实现政策手段和市场机制的有机结合；第三是发展现代科学技术，形成完备的休耕数据系统；最后是要对休耕项目进行动态监控与管理。杜群（2008）认为美国在长期的土地休耕实践中积累的可供我国借鉴的经验主要有以下五条：第一是根据现实发展情况动态调整休耕目标，使之从早期单一的控制土壤侵蚀转化为多重环境改善目标；第二是综合考虑市场发展及耕地状况，制定出科学、合理的土地租金确定办法；第三是因地制宜地设置耕地保护的合同期限；第四是有效防止休耕期内休耕地块的复耕；第五是有效权衡土地保护储备计划的成本与收益。朱文清（2009）对美国休耕保护项目进行了详尽分析，包括项目的区域分布、实施标准、补偿情况及影响耕地休耕效果的利益集团等，为我们了解美国耕地休耕的基本情况提供了非常全面的信息。刘嘉尧和吕志祥（2006）、王晓丽（2012）则对美国土地休耕保护计划过程中生态补偿的典型做法与经验进行了总结，如在补偿过程中具有清晰的产权关系，对不同区域实行差异化补偿，发挥政府与市场的双重作用，制定出科学的效益评价体系等。

也有学者对日本（江娟丽等，2017）、德国（卓乐，曾福生，2016）、瑞士（钱晨晨等，2017）等国家的休耕政策如申请程序、整体规模、空间布局、补偿机制等进行了多层次分析，并系统阐述了对我国耕地休耕的借鉴价值与意义。同时，一部分学者尝试对不同国家或区域的休耕政策进行对比，试图总结出他们之间的共性与差异性，以更好地服务我国耕地休耕实践。卓乐和曾福生（2016）从实施时间、目的、休耕类型、特点、政策效果等方面对美国、日本、德国和加拿大的耕地休耕状况进行了对比分析，认为我国大陆在进行耕地休耕时，要因地制宜地规划休耕规模与年限；同时，他通过对这些发达国家休耕实践的系统分析，也指出要制定出科学的效益监测体系和数据系统，并且要充分发挥政府和市场的双重作用。饶静（2016）则从政策背景、政策执行方式、政策影响三个方面对美国、欧盟和日本的耕地休耕实践进行了比较，认为我国在进行耕地休耕时，应该以保障粮食安全为前提，充分尊重农民的意愿，同时要加强对休耕地的管护，避免耕地抛荒而引起生态破坏或退化。杨庆媛等（2017）将目前国际农业现代化主要路径和模式分为两种：欧美模式和东亚模式，前者包含美国、法国、英国、加拿大等，后者包括韩国、日本、中国台湾等，并对两种模式下耕地休耕制度的产生背景、运行体系及具体实践等进行了分析，据此提出了我国耕地休耕的五个关键问题：合理确定休耕规模、区域休耕模式、组织管理形式、科学补偿标准和构建监测监管体系。

（4）耕地休耕政策过程中的生态补偿

耕地休耕的生态补偿实际上是一种利益补偿机制，是指进行耕地休耕的单位或个人在向社会提供公共生态物品的过程中因自身利益受损或发展机会丧失，由那些生态受益者予以补偿义务的一种制度安排（吴萍，王裕根，2017）。从已有研究成果来看，目前学者们的研究主要围绕耕地休耕生态补偿的必要性和制度构建两方面展开。

在耕地休耕生态补偿必要性方面，有学者指出，无论是何种休耕形式，都意味着农民在一定时间段内从事农业生产的土地面积和时间相对减少（何蒲明等，2017），如果不能给予农民合理补偿，势必会减少农民的经济收入，影响农村和整个社会的稳定发展。陈秧分等（2010）、牛海鹏等（2014）也曾指出，对农民的耕地保护行为给予一定的经济补偿能够有效调动他们的积极性，且对粮食产量增加和农民收入提高都有较大的促进作用。郑雪梅（2016）则根据可持续发展理论、外部性理论和公共物品理论的基本原理，探讨了耕地休耕生态补偿的理论基础。

耕地休耕生态补偿制度构建，主要包括补偿主体、补偿内容、补偿标准、补偿模式等。谭永忠等（2017）通过对美国、日本、欧盟、中国台湾等典型国家和地区的耕地休耕补偿政策，如补偿目的、补偿形式、补偿依据、资金来源等的比较，尝试构建中国耕地休耕补偿政策的初步框架。

在补偿主体方面，郑雪梅（2016）根据公共物品的层次性特征与“受益者分担”原则，认为耕地休耕生态补偿的主体包括中央政府、各级地方政府以及休耕项目区内相关的受益企业或个人。吴萍和王裕根（2017）将耕地休耕的生态补偿主体分为补偿主体和受偿主体两个方面，其中，中央政府是主要的补偿主体，地方政府及其他受益的个体是主要的横向生态补偿主体，受偿主体是补偿费用的接受主体，主要是经营承包地的农户以及土地流转后耕地的实际经营与使用者。

在补偿内容方面，向青和尹润生（2006）指出，为保证耕地休耕政策的可持续运行，不仅要在项目实施期内给予农民合理的经济补偿以增强他们的积极性和参与热情，还要考虑补贴期满后农民的生计问题，认为可以通过产业结构调整、就业技能指导等提高政策的有效性。但是从原农业部、原国土资源部等十部委于2016年联合发布的《探索实行耕地轮作休耕制度试点方案》来看，里面规定的补偿机制虽然在一定程度上考虑了普通农民的利益与生计，但是对于如何充分调动一些新型农业经营主体如种粮大户、合作社等的积极性，还有待进一步探索（杨庆媛等，2017）。

在补偿标准方面，主要有两种观点（吴萍，王裕根，2017）：一是根据生态服务功能价值对产权主体的行为进行补偿。尹珂等（2017）以三峡库区消落带707份调查问卷为基础，通过耕地非市场价值评估方法，指出本区域2014年耕地休耕生态补偿标准为1516.76元/(公顷·年)；二是根据耕地休耕过程中行为主体的各种利益损失或者机会成本来确定，郑兆山（2002）认为可参照退耕还林、还草的补贴标准大体确定耕地休耕的生态补偿额度，即休耕地补贴300斤粮食/(每年·亩)，也可以按照200元/(每年·亩）的标准执行。我国台湾地区为保证休耕地不荒废，从1980年开始实施休耕补贴，以每公顷5000台币鼓励农民在休耕地上种植绿肥或翻耕（黄瓷爱，2006）。谢花林和程玲娟（2017）基于河北省衡水市的198份有效调查问卷，利用机会成本法测算出该地区休耕农户补偿标准为518元/亩。柳荻等（2019）通过2018年河北省衡水市330户农户的实地调研数据，运用双边界二分式意愿调查法对地下水超采区休耕补偿标准及其影响因素进行了研究，发现2018年农户对休耕政策的受偿意愿的估算结果为544.69元/667（亩·年），高于当前的补偿标准50元/667（亩·年）。

在补偿模式方面，牛纪华和李松梧（2009）指出，为补偿耕地休耕过程中农民利益损失，中央和各级地方政府应该设置专款，依据固定的产量与面积确定补贴金额，但是补偿额度不能超过因耕地休耕而造成的价值损失。尹珂等（2017）从耕地非市场价值出发，主张通过建立基金或者政府财政支付转移等形式对耕地休耕参与者予以经济补偿。王晓丽（2012）将耕地休耕的生态补偿模式归纳为政府补偿、社会补偿和非政府组织参与补偿等，并以美国耕地休耕计划生态补偿经验为案例，认为我国在选择生态补偿模式时，要充分考虑被补偿主体的参与行为与意愿，根据项目进展情况，适时调整补偿体系与内容，制定出科学、合理的补偿计划与方案。魏君英和何蒲明（2017）提出实施“自愿——竞争”的协商型补贴模式，在这种模式下，农民可提出自己能够接受的最低补偿额度，政府对农民的休耕申请、诉求等进行筛选与评判，对符合条件的准予休耕并进行补贴。

除此之外，耕地休耕生态补偿的对象、期限、资金来源（郑雪梅，2017；吴萍，王裕根，2017）及休耕主体的受偿意愿（俞振宁等，2017b；龙玉琴等，2017）等也是学者们探讨的重要内容。

(5) 耕地休耕政策的实践与评价

我国台湾地区在20世纪70年代由于社会发展、人口增长、经济结构调整及农业技术发展等原因，出现了农业产量过剩问题，为减少农民损失，台湾地区制定稻田转作与休耕计划，通过减少耕作农地面积来调控稻米生产（陈再添，1990；李增宗，1997）。从1984年开始，台湾地区连续推出“稻米生产及稻田转作六年计划（1984年—1989年）”与“稻米生产及稻田转作后续计划（1990年—1995年）”（谢祖光，罗婉瑜，2009）。随后，又继续推动“水旱田利用调整计划（1997年—2000年）”和“水旱田利用调整后续计划（2001年—2004年）”（黄瓷爱，2006）。2012年12月，台湾农业委员会宣布从2013年开始启动“调整耕作制度活化休耕农地中程计划”，为期四年，明确提出要优先活化那些连续休耕的地块，重塑农地生机和农业价值（赵其国等，2017a）。目前，在台湾地区的耕地休耕政策体系中，非常重视休耕地的生态保护效果，并以种植绿肥成效、田间管理为判断要点（黄瓷爱，2006）。

在我国大陆地区，由政府组织的耕地休耕实践并不多（江娟丽等，2017）。周光明（2014）将安徽省泗县休耕轮作种植模式与传统种植模式的效益进行对比分析，发现休耕模式的经济效益比传统种植模式要高。李毅等（2015）对长春市合心镇实行适度休耕的经济效益与生态效益进行了分析，认为在推行土地制度改革，形成休耕制度的过程中，通过合理规划和试验操作，得出较为真实的数据和成果，形成科学的休耕模式十分必要。马宏阳等（2016）同样以合心镇为研究对象，通过对比分析，对绿肥作物还田法、豆科作物与粮食作物间作法两种不同的耕地休耕农户补贴模式进行了比较，认为综合补贴模式能够有效提高农民的经济收益，有效推动耕地休耕政策的实施。黄国勤等（2017b）以我国中部粮食主产区江西省为研究对象，指出目前江西省耕地休耕存在休耕面积不合理、休耕地块不科学、休耕模式太单一、休耕周期无规律、休耕补偿不及时等问题，并提出了具体的完善策略，包括科学规划、打造样板、合理补偿、培养人才等。赵其国等（2017b）通过对湖南省重金属污染区休耕试点工作的实地调查与专题研讨，系统总结了我国重金属污染区休耕工作中存在的问题，并提出针对性的解决措施与方法。黄国勤和赵其国（2018）对我国江西省、湖南省和河北省三个典型休耕区域的实施模式与技术措施进行了比较分析，肯定了这些举措在社会经济发展和生态环境方面的积极作用，同时根据存在的问题提出了“四项原则＋四个统一＋八大措施”的未来发展思路。杨文杰和巩前文（2018）从休耕参与主体、技术路径和补偿机制等方面对我国四大国家级休耕试点区域进行了比较分析，总结出分别存在的问题，提出了诸如“提升参与意识”“扩展资金筹措渠道”“差别化动态补偿机制”等一系列政策完善措施。柳荻等（2018）则从农户满意度视角对华北地下水超采区休耕政策进行了评价，在其调研的140户农户中，仅有45.7％的受访者表示对休耕政策满意，不足总样本的一半。刘卫柏等（2021）基于湖南省长沙、株洲、湘潭试点地区三市360户受访农户样本调查数据，分析受访农户对耕地休耕政策的满意度及其影响因素，发现45.9％的受访农户对耕地休耕政策的评价为比较满意和非常满意。

1.3.3 研究评述

综上所述：①耕地休耕是在生态环境、粮食安全等约束条件下，破解区域耕地利用、粮食生产困境的政策选择，也是我国未来土地管理工作的核心内容之一；②耕地休耕政策的实施能够调控粮食供需、改良土壤肥力、提高土壤质量等，带来一系列的生态环境和社会经济效应，但也会给参与主体的经济福利和非经济福利造成一定的影响；③耕地休耕政策有效实施的关键是要系统把握耕地休耕政策的运行情况，对其进行科学而全面的评估，从中总结、提炼出具体的优化路径与策略。

目前，国内外相关研究机构和学者对耕地休耕及耕地休耕政策的核心要点进行了较为系统的研究，并取得了相当丰硕的研究成果，对于丰富耕地休耕政策的基础理论体系及实践案例等具有重要意义，也为本书提供了丰富的文献资料和研究基础。但是这些研究也存在一些不足：第一，从研究对象来看，目前国际上有关耕地休耕政策的理论和实证研究主要以美国、日本和欧洲等发达经济体为主，对以中国为代表的发展中国家的研究相对较少，且从国内学者的研究来看，总体上也表现出“近期多，早期少”的特征。第二，从研究内容来看，无论是国外学者，还是国内学者，都将他们的研究落脚到耕地休耕政策评价上。其中，国外学者或是从生态学、景观学视角探讨耕地休耕对土壤特性及区域生态系统的影响，或是将耕地休耕作为农业生产和农地利用的配套措施，分析其在平衡粮食市场及改善参与主体福利方面的作用，从这个层面来看，他们主要侧重于耕地休耕政策的效果评估，国内虽也有部分文献对相关地区耕地休耕政策实践进行总结与评析，在某种程度上也是对耕地休耕政策实施效果的评估，评估内涵与范畴都有待扩展。第三，从研究方法来看，国外有关耕地休耕的政策过程，特别是政策效果的评估已经形成了较为完整的量化方法体系，然而基于国情约束，国内目前有关耕地休耕政策的研究大多停留在定性层面，特别是对耕地休耕政策的评价主要集中在基本现状、事实和问题的简单描述性分析，或是案例探讨，理论分析与量化实证并没有有效结合。

现有研究的不足与缺陷是本书的研究重点。本书将立足于既有研究成果及我国耕地休耕政策的运行实际，以土地科学与政策科学相结合，把耕地休耕政策作为一个统一整体，明晰耕地休耕政策评估的核心要素及特殊要义，通过“现状审视”“规律反衍”“政策升华”等研究流程，构建耕地休耕政策评估的理论体系及实证框架，探寻耕地休耕政策的可持续发展路径。

1.4 研究思路与内容

1.4.1 研究思路

本书将综合运用土地科学、政策科学、系统科学等多学科的理论分析方法与实证分析工具，紧紧围绕耕地休耕政策评估这条主线，以“问题研判”为逻辑起点，分析耕地休耕政策的形成过程及发展状况；以“理论提炼”和“实证考察”为逻辑扩展，探讨耕地休耕政策评估的理论框架及实证模型；最后在“政策优化”上进行逻辑升华，分析耕地休耕政策可持续运行的关键路径和主要策略（如图 1-1 所示）。

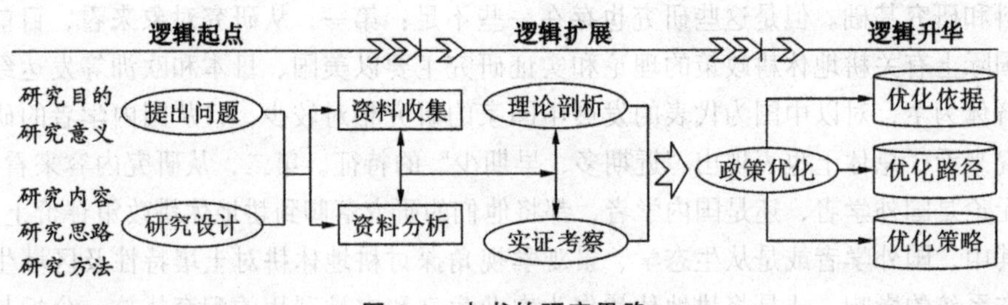

图 1-1 本书的研究思路

1.4.2 研究内容

本书主要包括八个部分。

第一部分为绪论，主要介绍本书的研究背景、目的与意义，重点阐述与本书研究主题相关的国内外研究进展及本书的研究设计。

第二部分为核心概念与理论基础，包括对“耕地休耕”“耕地休耕政策”和“耕地休耕政策评估”三个核心概念以及“政策过程理论”“复杂系统理论”和“可持续发展理论”的介绍，重点探讨如何将这些理论与本书的研究主题有机结合。

第三部分为耕地休耕政策议程设置及工具选择，主要根据多源流模型的分析框架，探讨耕地休耕政策议程设置的问题源流、政策源流、政治源流及政策窗口触发机制等。并在此基础上，以《探索实行耕地轮作休耕制度试点方案》为基础，分析耕地休耕政策工具选择及应用，也可以在一定程度上反映耕地休耕政策执行状况。

第四部分为耕地休耕政策评估的逻辑框架与体系设计，根据西方哲学中事实维度与价值维度的发展关系演变，分析事实维度、价值维度与政策分析的关系，提出耕地休耕政策评估是以目标为联结的事实与价值的结合，并在此基础上，根据费希尔的政策评估框架，从项目验证、情景确认、社会论证和社会选择四个方面设计出耕地休耕政策评估的主要指标体系。

第五部分为耕地休耕政策评估的量化模型构建，探讨量化分析在耕地休耕政策评估中的必要性和可行性，通过对常用的政策评估量化方法的比较与分析，结合耕地休耕政策评估的复杂系统特征，分析系统动力学在耕地休耕政策评估中的适用性，并根据系统动力学的相关基础知识，构建耕地休耕政策评估的因果关系图及系统动力学模型。

第六部分为耕地休耕政策评估的实证分析，选择湖南省为本书的实证分析区域，通过对湖南省耕地休耕主管部门、执行部门、相关休耕项目区农村集体经济组织、农户和参与湖南省耕地休耕项目研究的专家学者等进行访谈与调研，获取耕地休耕政策评估的基础资料与数据，通过模型检验后分别开展现状条件下的仿真分析和优化方案下的情景模拟分析。

第七部分主要是基于前文的情景模拟结果，并结合耕地休耕政策的整体发展目标，从耕地休耕政策制定、政策执行和政策评估三个方面提出具体的优化策略。

第八部分为结论与展望，总结本书的主要结论及可能的创新点，探讨本书的研究不足及未来研究的主要方向。

1.5 研究方法与技术路线

1.5.1 研究方法

本书运用到的方法主要包括资料搜集整理方法和数据分析方法。

(1) 资料搜集整理方法

第一，文献资料搜集整理方法。在进行相关文献资料搜集时，遵循“国际文献与国内文献相结合、重点搜索和广泛搜索相结合”的基本策略，特别注重消化、吸收国内外权威机构、顶尖学术期刊以及代表性学者的研究成果，在国内外主流学术数据库，如 Web of Science 数据库、Springer 电子图书数据库、中国学术期刊全文数据库（CNKI）等，通过标题、关键词检索，代表性作者、期刊查询等多种方式，追踪理论前沿，梳理、归纳、总结国内外与耕地休耕政策评估紧密相关的研究成果，明确本书的理论依据与基本思路，并借助 Note Express 软件进行文献整理与分析。

第二，数据资料搜集整理方法。一方面，通过对国务院、国家发展改革委员会、原农业部等相关部委单独或联合发布的政策文件、研究报告和数据资料等进行整理，了解我国耕地休耕政策的宏观背景和运行情况；另一方面，根据我国耕地休耕政策的实际情况，选择代表性区域，通过访谈调查、问卷调查及实地观察等方法，多渠道、宽路径地进行微观数据的搜集工作，满足本书对宏观数据和微观资料的需要，主要借助 Excel 2016 和 SPSS 22.0 软件进行数据资料的整理与初步处理。

(2) 数据分析方法

系统科学的量化分析是保证研究过程合理性、增强研究成果说服力的必然选择。本书将利用系统动力学（System Dynamic，SD）方法对耕地休耕政策进行定量分析与模拟研究。具体而言，首先根据系统科学的基本原理，对耕地休耕政策及其评估系统进行分解，找出各系统涉及的核心变量。在此基础上，利用系统动力学的专业软件 Vensim PLE 绘制出系统的因果关系图，理清不同变量之间的复杂关系，并绘制出流图，确定各个变量之间的函数关系。在对模型的有效性、稳定性等进行测试和检验后，对比分析不同政策安排下耕地休耕政策整体系统的发展情况，从中找出有利于系统优化与完善的方案，进而设计出改善现有系统的基础路径及具体策略。

1.5.2 技术路线

本书的技术路线如图 1-2 所示。

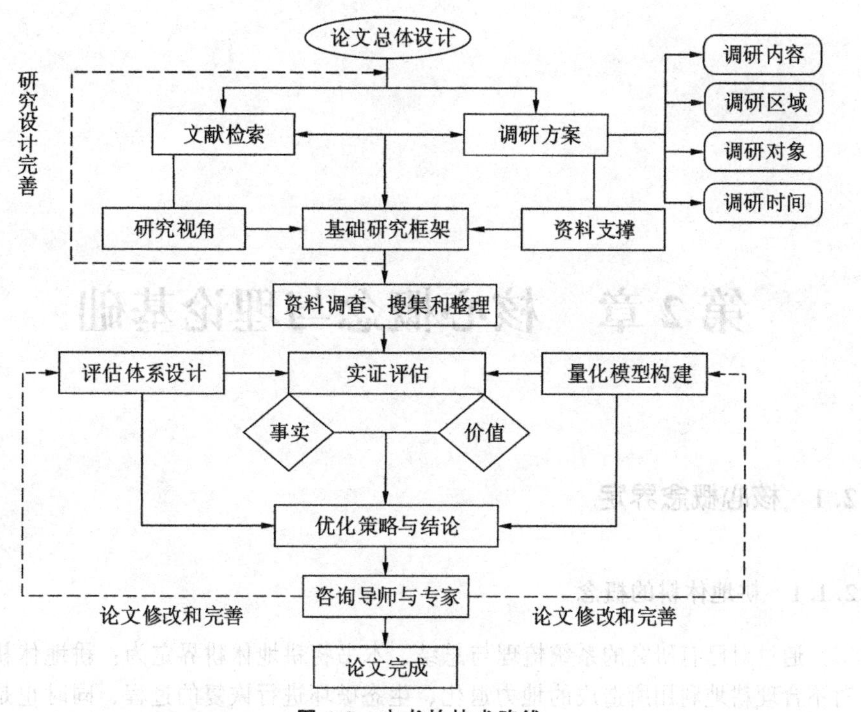

图 1-2　本书的技术路线

1.6　本章小结

本章开篇即指出了本书的选题来源，分别从历史、现实和理论三个方面探讨了本书的主要研究背景，分析了本书的总体目标和具体目标，从扩展耕地休耕的研究内涵与层次、为各级政府耕地休耕宏观管理及决策提供行动指南两个方面指出了本书的研究价值。在此基础上，本章还对目前国内外有关政策评估、耕地休耕及耕地休耕政策分析的研究成果进行了系统整理与分析，肯定了现有文献在丰富耕地休耕政策的基础理论体系及实践案例等方面的重要作用，同时也指出了现有文献在研究对象、研究内容和研究方法三个方面的不足，并由此提出了本书的研究思路与具体的内容框架。最后介绍了本书采用的资料搜集整理方法、数据分析方法及具体的技术路线。

第2章　核心概念与理论基础

2.1　核心概念界定

2.1.1　耕地休耕的概念

通过对已有研究的系统梳理与总结，本书将耕地休耕界定为：耕地休耕是对不合理耕地利用所造成的地力退化、生态破坏进行恢复的过程，同时也是为实现社会经济高效转型及生态和谐等而对土地、资本、劳动力、技术等进行重组和优化配置的过程，将直接影响到生态、经济、社会系统内部要素的变动及整体功能的变化。

耕地生态系统是在各种自然要素（光、热、水、土等）的相互作用以及种子、农药、化肥、灌溉、机械等人为投入的基础上，通过耕地生物与非生物之间、生物种群之间的关系进行各类农产品生产的半人工生态系统[①]，是自然再生产与社会经济再生产的有机结合，具有保持土壤肥力、维护生物多样性、提供农产品等多种功能[②]。然而，从世界各国的发展过程来看，快速城市化对耕地资源的侵蚀以及不合理的耕地利用对耕地生态系统的物质循环和能量交换造成了极大的冲击，严重影响耕地生态系统的要素交流路径与生产能力，威胁耕

① 谢高地，肖玉．农田生态系统服务及其价值的研究进展［J］．中国生态农业学报，2013，21（6）：645-651．

② 封志明，刘宝勤，杨艳昭．中国耕地资源数量变化的趋势分析与数据重建：1949—2003［J］．自然资源学报，2005，20（1）：35-43．

地生态安全。休耕地是典型的退化生态系统。实行耕地休耕，就是以生态恢复、生态重建为主要指导原则与目标，根据恢复生态学①的基础理论，通过耕作方式调整、农业种植结构调整、农作物品种改良等一系列技术手段和管护措施将损毁、退化的耕地资源进行休养生息，缓解、减轻人类活动对耕地生态系统的消极干扰和胁迫，使耕地利用向着生态和谐、平衡的状态稳定演进，逐渐建立起一个结构和功能完整的新耕地生态系统的过程（如图 2-1)。在这个新的系统中，人类不仅可以根据自身需求获得良好的耕地利用社会、经济产出，而且还

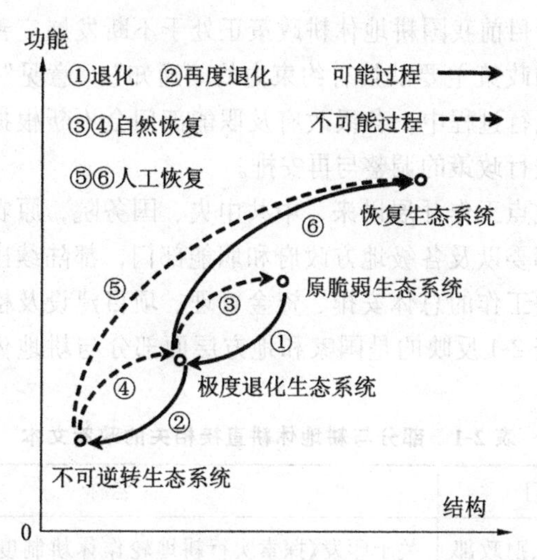

图 2-1　耕地休耕区域生态系统的退化与恢复示意图

能够保证耕地利用生态效益的充分发挥。耕地休耕除了要恢复耕地资源的正常生产能力和生态效应外，关键是要形成物质流、信息流和能量流等顺畅交流的自我稳定机制与维持能力，而且还要注重各种人为因素对退化耕地生态系统修复过程和路径可能造成的不利影响，形成良好的人地关系，保证耕地资源功效发挥的稳定性与持续性。

---

①　恢复生态学（Restoration Ecology）是现代生态科学的重要分支，它是以退化的生态系统为主要研究对象，探讨生态系统退化的生态学过程、机理以及恢复手段与技术的一门科学。其主要目标在于通过一定的物质投入与科学手段，重建受到自然或人为因素干扰前的系统结构和功能，将退化、损毁的生态系统恢复到或者接近于未被破坏前的状态，使其表现出正常的化学、物理和生态学特征等。

2.1.2 耕地休耕政策

耕地休耕政策是我国新发展常态下耕地保护政策和土地管理政策的重要组成部分。根据耕地休耕的概念，耕地休耕政策就是指政府根据资源环境约束及社会经济发展状况，为保障耕地休耕的有序推进以及各种要素的合理配置而制定的一系列规范和准则。从我国已有的类似生态工程安排来看，完整的耕地休耕政策应该包括权威性的法律、法规、行政命令、行政措施及决议等多种表现形式。然而，由于目前我国耕地休耕政策正处于不断发展完善过程中，已有的与耕地休耕相关的政策主要以具有约束力的“通知”“意见”等规范性文件为主。而且在政策执行过程中，各级政府及职能部门会不断根据政策运行情况及外界环境的变化进行政策的调整与再安排。

自耕地休耕试点工作开展以来，中共中央、国务院，原农业部、原国土资源部、其他相关部委以及各级地方政府和职能部门，都陆续出台了一系列规章制度，对耕地休耕工作的总体安排、资金管理、项目建设及检查验收等作了明确的政策规定。表 2-1 反映的是国家和地方层面部分与耕地休耕直接相关的政策文本。

表 2-1　部分与耕地休耕直接相关的政策文本

层级	部门	名称
国家层面	原农业部、财政部等十部委	关于印发《探索实行耕地轮作休耕制度试点方案》的通知（农农发〔2016〕6 号）
	原农业部办公厅	关于印发《轮作休耕试点区域耕地质量监测方案》的通知（农办农〔2016〕28 号）
	国家发展改革委、财政部等八部委	关于印发《耕地草原河湖休养生息规划（2016—2030 年）》的通知（发改农经〔2016〕2438 号）
	原农业部办公厅	关于《加快上报耕地轮作休耕制度试点地区承包地确权登记数据》的通知（农办经〔2017〕17 号）
	原农业部办公厅	关于印发《耕地轮作休耕制度试点“一平台五创新”重点工作落实方案》的通知（农办农〔2017〕4 号）

续表

层级	部门	名称
国家层面	原农业部	关于印发《2017年耕地轮作休耕制度试点工作方案》的通知(农农发〔2017〕1号)
	原农业部、财政部	关于做好《2017年中央财政农业生产发展等项目实施工作》的通知(农财发〔2017〕11号)
	财政部	关于拨付《2017年农业生产发展资金》的通知(财农〔2017〕58号)
	原农业部办公厅	关于印发《耕地轮作休耕制度试点考核办法》的通知(农办农〔2017〕26号)
区域层面	湖南省农业委员会、财政厅	《湖南省重金属污染耕地治理式休耕试点2016年实施方案》(湘农联〔2016〕100号)
	湖南省财政厅	关于下达《2016年湖南重金属污染耕地修复及农作物种植结构调整试点休耕资金》的通知(湘财农指〔2016〕152号)
	河北省农业厅、发改委等九部门	《2016年度耕地季节性休耕制度试点实施方案》(冀农业种植发〔2016〕38号)
	贵州省农业委员会	关于印发《2017年贵州省耕地休耕制度试点工作实施方案》的通知(黔农发〔2017〕25号)
	甘肃省农牧厅	关于印发《甘肃省2017年耕地休耕试点实施方案》的通知(甘农牧发〔2017〕42号)
	甘肃省农牧厅	《甘肃省耕地休耕制度试点技术指导方案》
	云南省农业厅	关于印发《2017年耕地休耕制度试点实施方案》的通知(云农种植〔2017〕12号)
	云南省农业厅	关于开展《耕地休耕制度试点评估工作》的通知(云农办种植〔2017〕304号)

说明:事实上,在国家很多其他政策安排中,如中共中央国务院《关于实施乡村振兴战略的意见》、原农业部办公厅《关于印发〈2018年种植业工作要点〉的通知》等都有涉及耕地休耕的内容。本表仅列举了部分与耕地休耕直接相关的政策文件。

2.1.3 耕地休耕政策评估

由前文分析可知，目前理论界对政策评估并没有形成统一认识，但从中可以看出：第一，在进行政策评估时，评估主体要利用科学的手段、方法去搜集、整理、提取出有价值的基础资料与信息，增加政策评估的可信性；第二，确定某一政策、计划或项目的度量尺度是开展评估的基础性工作，任何政策的评估工作都是依据一定标准与程序的政策分析过程；第三，政策效果分析是政策评估的核心环节，但是系统、全面的政策评估并不仅仅局限于效果层面，还包括对政策其他过程的探讨，特别是对政策有效程度、价值属性等的评判；第四，科学的评估方法运用不仅能够深层次地揭示出政策系统的特征与规律，对政策评估理论与实践的发展也具有极大的推动作用。借助目前理论界有关政策评估的概念框架，将耕地休耕政策评估的基本概念界定为：在全面掌握耕地休耕政策运行状况的基础上，根据特定的评估标准、程序及科学方法，对耕地休耕政策的方案设计、具体运行、作用效果及价值实现等进行的全流程考察与分析。

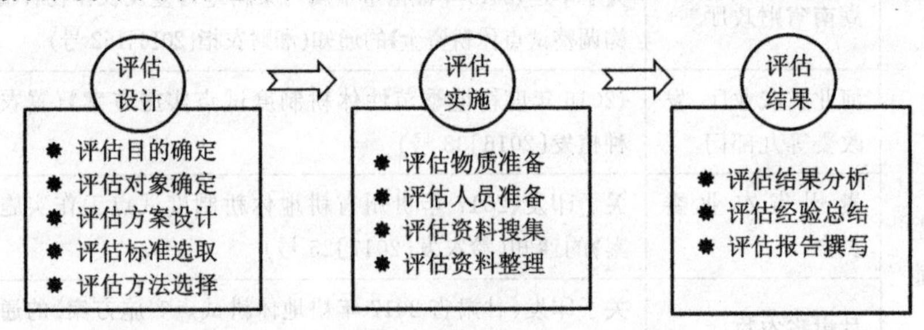

图 2-2 耕地休耕政策评估的一般程序

图 2-2 反映的是耕地休耕政策评估的基本程序，主要包括评估设计、评估实施和评估结果分析三个阶段。耕地休耕政策评估是一项复杂而有序的系统工程，其中又以评估设计为基础，它是保证整个评估工作有序开展的关键。而在评估设计阶段，又以评估标准及方法确定最为重要①。耕地休耕政策评估是判断政策预期目标是否实现以及实现程度的重要依据，也是决定我国或区域耕地保护政策或耕地利用政策方向的基础参照，有利于整个耕地保护政策系统的改进与完善。

---

① 于娟. 环境政策评估的理论与方法研究［D］. 兰州：兰州大学，2008.

2.2 主要理论基础

2.2.1 政策过程理论

政策过程理论包含一整套逻辑完整、结构严谨的框架体系，旨在探讨影响政策决策、政策变迁的各种因素以及它们之间的相互关系[①]。政策过程理论最早起源于拉斯韦尔在1956年提出的政策过程“七阶段论”，他从“情报”“提议”“规定”“合法化”“应用”“终止”和“评估”七个层面详细阐述了政策拟定的具体过程，由此开创了公共政策的线性分析框架，这一理论也成为20世纪70年代和80年代初了解政策过程的主要甚至是唯一途径[①]。1976年，拉斯韦尔的学生布瑞沃（Brewer）对他老师提出的“七阶段论”进行了修正，提出了包括“创立→估价→选择→执行→评估→终止”在内的政策过程“六阶段论”[②]。而且他还指出，很多政策并不是完全遵循“从生到死”的有限生命周期，而是会通过不同的形式反复出现，并据此把政策过程也看成一个不间断的周期[③]。此后，不断有学者尝试运用拉斯韦尔的“阶段论”思想来丰富他们自己的研究内容，如美国政策学家琼斯（Jones）[④]和安德森（Anderson）[⑤]就都将这一思想作为贯穿他们著作的主线，并对其进行了完善与深化。政策过程“阶段论”因此也广为应用与流传，号称“教科书式”的政策过程或“启发性”的阶段论[⑥]，特别是由于我国很早就有了安德森教授《公共政策制定》的中译本，他提出的“政策议程”“政策制定”“政策选择”“政策执行”和“政策评估”的政策过程“五要素”也广为我国学者所熟知。

---

① 何华兵，万玲. 发展中的政策过程理论——我国政策过程理论发展回顾与展望 [J]. 云南行政学院学报，2006（6）：71-73.

② 转引自 HOWLETT M，RAMESH M. Studying public policy：Policy cycles and policy subsystems [M]. New York：Oxford University Press，1995：10-11.

③ 魏姝. 政策过程阶段论 [J]. 南京社会科学，2002（3）：64-69.

④ JONES C O. An introduction to the study of public policy（3nd）[M]. Monterey，California：Brooks/Cole Publishing Company，1984.

⑤ ANDERSON J E. Public policymaking：An introduction（5th-ed.）[M]. New York：Houghton Mifflin Company，2003.

⑥ 张小明. 论公共政策过程理论分析框架：西方借鉴与本土资源 [J]. 北京科技大学学报（社会科学版），2013，29（4）：95-104.

然而，在政策过程“阶段论”的形成和发展过程中，其简单的线性思维也广受争议与批判。1987年，纳卡幕尔（Nakamura）就对这种阶段论提出质疑，认为阶段论不能成为一种“范式”[①]。1988年，美国著名公共政策学家萨巴蒂尔（Sabatier）指出，造成政策阶段启发论局限性的关键在于忽视了观念、思想等在政策演化过程中的作用[②]，并在其著作《政策过程理论》（*Theories of Public Process*）中对这种方法的弊端进行了详细阐述，指出阶段启发论“并不是真正意义上的因果关系理论”，“所推崇的阶段顺序也常常存在描述上的不准确”，“存在一个合法和自上而下的偏见”，而且“该假设仅关注某项重大法律的单一政策循环圈，过于简化了涉及各层级政府众多政策建议和法令条例的多元与互动循环圈”[③]，认为应该建立更好的理论框架进行政策分析。目前，理论界主流的政策过程理论主要包括制度分析和发展框架[④]、多源流理论[⑤]、倡导联盟框架[⑥]、间断均衡理论[⑦]以及社会建构与政策设计框架[⑧]等。

我国自21世纪初开始引进和探索西方政策过程理论。早期主要是对西方相关理论的吸收和借鉴，而随着实践经验的积累和理论水平的不断提高，我国学者逐渐开始探索政策过程理论的本体化、中国化。目前，我国学者已经具备了在宏观和中观层面进行政策过程分析的能力，也在不断总结我国现实经验的基础上进行理论构建与创新[⑨]。这也为本书进行耕地休耕政策分析提供了基础理论支撑。作为土地管理领域的公共政策创新，耕地休耕政策的制定、执行、监

---

① NAKARUMA R. The textbook policy process and implementation [J]. Policy Studies Review, 1987, 7 (1): 142-154.

② SABATIER P A. An advocacy coalition framework of policy change and the role of policy-oriented learning therein [J]. Policy Sciences, 1988, 21 (2-3): 129-168.

③ 保罗·A. 萨巴蒂尔. 政策过程理论 [M]. 彭宗超，钟开斌，等译. 北京：生活·读书·新知三联书店，2004: 9-10.

④ KISER L, OSTROM E. The three worlds of action: A metathetical synthesis of institutional approaches [M] //Strategies of Political Inquiry, edited by Ostrom E, Beverly Hills: Sage, 1982.

⑤ KINGDON J. Agenda, Alternatives and Public Polices [M]. Boston: Little Brown, 1984.

⑥ HEINTZ H T, JENKINS-SMITH H C. Advocacy coalitions and the practice of policy analysis [J]. Policy Sciences, 1988, 21 (2-3): 263-277.

⑦ BAUMGARTNER F R, JONES B D. Agenda dynamic and policy subsystems [J]. Journal of Politics, 1991, 53 (4): 1044-1074.

⑧ SCHNEIDER A, INGRAM H. Social Construction of Target Populations: Implications for Politics and Policy [J]. The American Political Science Review, 1993, 87 (2): 334-347.

⑨ 宋乐伟. 我国农业技术创新政策研究 [D]. 长春：东北大学，2010.

测、评估、修正等构成了耕地休耕政策的全过程，可以纳入政策过程的分析框架。其中，耕地休耕政策评估对于科学把握、系统理解耕地休耕政策过程具有重要作用，它既是对耕地休耕政策制定、执行等的综合评判，也是决定休耕政策未来走向的基础依据。

2.2.2 复杂系统理论

复杂系统理论（complex system theory，CST）是以复杂系统为主要研究对象，根据复杂系统思想而提出的系列理论。根据复杂系统理论的基本思想，世界上的任何事物都自成系统，都有着符合该系统发展特性的复杂内部结构及作用关系，同时这一系统又可以归属于一个更高层次的大系统。任何一个特定的系统，对于其上一层次的大系统而言，仅仅可以视为这个大系统的某一个组成要素。复杂系统理论主张通过整体论与还原论相结合来分析系统，是一门系统科学和复杂性科学的交叉学科，其主要目标是要揭示出那些具有复杂系统特性，又无法用现有理论解释的系统动力演化行为。

从复杂系统理论的发展历程来看，其主要经历了“萌芽—形成—快速发展”三个阶段。1928 年，奥地利生物学家贝塔朗菲（Bertalanffy）完成了分析生物有机系统的论文，首次提出“复杂性”概念。1937 年，贝塔朗菲又提出一般系统理论，这是复杂系统理论发展历程中具有里程碑意义的事件，并以此为标志，形成了系统论、信息论和控制论等理论，开创了复杂性研究，这三个理论也被称为系统科学的“老三论”。学者们从结构特征视角，认为不同因素之间相互影响、相互作用后所形成的影响并不简单地等同于所有因素的加总，这也是复杂系统理论的基础观点。经过 20 世纪 40 年代至 60 年代近 20 年的理论积累，复杂系统理论自 20 世纪 60 年代起迅速发展。比利时物理化学家普里高津（Prigogine）提出的“耗散结构”概念、德国物理学家哈肯（Haken）提出的协同学、德国科学家艾根（Eigen）的超循环理论等是这一时期的代表性理论。学者们通过对系统行为、结构等的分析，探讨了外部环境、系统演化路径、形成机制等对复杂性的影响，指出在各个要素的共同作用下，复杂系统会自发地从简单因素中衍生复杂，由无序、混乱走向有序与清晰。60 年代至 70 年代形成的耗散结构理论、协同学和突变理论被誉为系统科学的“新三论”，标志着复杂系统理论在自组织和非线性科学等方面取得了重要进展，也为其发展与成熟奠定了重要基础。1984 年，在盖尔曼（Gell-Mann）、阿罗（Arrow）和安德森

(Anderson) 三位诺贝尔奖获得者的号召与组织下，在美国新墨西哥州成立了专门研究复杂性的圣塔菲研究所（Santa Fe Institute，SFI)，标志着复杂系统研究进入了一个新的发展阶段。1994 年，美国霍兰（Holland）教授在 SFI 成立十周年时提出了复杂适应系统理论，与传统复杂系统理论研究方法不一样，CAS 从进化角度认识复杂系统，将计算机仿真作为主要的研究工具，已成为复杂系统理论研究的重点。1999 年，国际顶尖学术期刊《科学》（*Science*）组织编辑了“复杂系统”专辑，标志着复杂系统研究已经成为一个世界性的焦点话题，复杂系统理论得到了进一步的发展。

我国著名物理学家钱学森院士首先洞察到了复杂性科学及复杂系统理论的发展态势，他在 20 世纪 80 年代中期就创办了专门的系统学学习研讨班，并于 1993 年提出了“开放复杂巨系统（Open Complex Giant System，OCPS）”的概念，又提出了定性与定量相结合的“综合集成研讨厅体系（Hall for Workshop of Metasynthetic Engineering）”，并据此形成了一套严密的复杂系统理论的分析框架与方法。在钱学森院士、戴汝为院士、于景元教授等的不断努力下，国内有关复杂系统理论的研究成果日益丰富，研究范畴也不断扩展。目前，复杂系统理论在自然科学和社会科学领域都有较为广泛的应用。

克里金（Klijn）、莫尔科（Morcol）和斯科特（Scott）等人较早提出将复杂系统理论与公共政策研究结合起来[①]，他们都主张利用复杂系统理论的相关概念和内容，来分析政策语境的动态演化本质。

从现实情况来看，复杂系统理论与公共政策主要有两种关系脉络：第一是探讨公共政策过程中的复杂性问题。正如美国政策学家金登（Kingdon）教授所言，“公共政策形成的过程极为复杂”。“建立议程、拟定备选方案以及在那些备选方案中进行选择，这一切似乎都是由不同的力量控制的”。“它们各自本身就很复杂，它们之间的关系又使问题变得更加复杂。这些过程是动态的、流动的，并且是松散地结合的”[②]。美国著名政策学者凯尔尼（Cairney）也指出，我们在进行公共政策分析时，应该从整体论视角，从政治系统本身而不是个体层面去

---

① 尚云杰，殷杰. 复杂性理论与公共政策研究［J］. 科学技术哲学研究，2014，31（6）：35-40.

② KINGDON J W. Agendas, Alternatives, and Public Policies（Second Edition）［M］. Edinburgh：Pearson Education Limited，2014：230.

把握，对政治行为的分析也不应该是对系统各组成部分的简单加总或约化[①]。第二是利用复杂系统理论深度揭示具体的公共政策。复杂系统理论所涉及的一系列理论及概念，如自组织、耗散结构、混沌、涌现、非线性、远离均衡态及动态演进等，可以更准确、更直观地反映出具体政策制定、实施过程中的核心要素及它们之间的相互作用关系、突现特征等，为揭示政策过程中被掩盖的一些复杂性事实提供了可靠的分析工具[②]。当然，复杂系统理论带来一些新分析视角与方法，但并不能因此而否定传统研究方法在一些简单或小型公共政策系统中的作用。

作为我国新发展常态下土地管理领域的公共政策创新，不论是耕地休耕政策制定，还是具体执行，实际上都是极为复杂的系统工程。特别是对于耕地休耕政策的评估，涉及到耕地休耕政策主体、客体、环境以及政策目标之间的关系、主要利益主体之间的互动等多种复杂因素，利用复杂系统理论系统阐释这种复杂网络并揭示出其内部的动态演替过程，对于系统掌握耕地休耕政策的复杂内涵、选取合适的评估手段等都具有重要意义。

2.2.3 可持续发展理论

可持续发展理念源于人们对人口、环境等问题的深刻思考与认识。英国工业革命后，机器生产取代了传统的手工劳动，生产力大幅提高。然而，这种“高生产、高能耗”的发展模式给社会经济发展带来了极大的弊端，人口猛增、粮食短缺、环境污染等成为世界各国面临的共同问题。于是从上世纪60年代开始，各国纷纷采取措施进行环境治理，但是成效甚微，在很多地方甚至呈加剧态势，土地退化、全球气候变化等愈演愈烈。也正是从这时开始，开始了世界范围内对未来发展道路的思考与探索。

1972年6月，在瑞典首都斯德哥尔摩举行了联合国人类环境会议（United Nations Conference on Human Environment，UNCHE），会议通过了文件《联合国人类环境会议宣言》（*Declaration of UNCHE*）和报告《只有一个地球：对

---

① CAIRNEY P. Complexity theory in public policy [C]. Political Studies Associations Conference. University of Edinburgh. April 1, 2010.

② 李宜钊. 公共政策研究中的复杂性理论视角——文献回顾与价值评价 [J]. 东南学术，2013，1：65-71.

一个小小行星的关怀和维护》(*Only One Earth : The Care and Maintenance of a Small Planet*), 逐渐引发了不同国家和地区对环境问题, 特别是环境污染问题的重视。1980 年 3 月, 联合国环境规划署 (United Nations Environment Programme, UNEP)、世界自然保护同盟 (International Union for Conservation of Nature, IUCN) 和世界野生生物基金会 (World Wildlife Fund International, WWF)[①] 等多个组织发起并编著了《世界自然保护大纲》(*World Conservation Strategy*), 初步提出了可持续发展的思想。1981 年, 美国世界观察研究所 (Worldwatch Institute) 所长布朗 (Brown) 在其专著中提出应该建立一个可持续的社会[②]。1982 年, 在肯尼亚首都内罗毕 (Nairobi) 举行的联合国环境管理理事会上, 日本前环境厅长原文兵卫 (はらぶんべえ/Wikipedia) 主张设立世界环境与发展委员会 (World Commission on Environment and Development, WCED), 得到了与会代表的支持。两年后, 在第 38 届联合国大会上, 通过了第 38/161 号决议, 批准成立 WCED, 由时任挪威首相布伦特兰 (Brundtland) 夫人任主席, 故 WCED 又称布伦特兰委员会 (Brundtland Commission)。

1987 年, 在第 42 届联合国大会上通过了 WCED 提交的报告《我们共同的未来》(*Our Common Future*)。报告首次提出了可持续发展战略, 并对其内涵进行了界定:"可持续发展是满足当代人的需要, 又不对后代人满足其需要的能力构成危害的发展"。1992 年 6 月, 联合国在巴西里约热内卢州 (*Rio de Janeiro*) 召开了环境与发展大会, 来自全球 178 个国家 (地区) 的领导人在本次会上通过了《21 世纪议程》 (*Agenda 21*)、《里约环境与发展宣言》[*Rio Declaration*, 又称"地球宪章"(*Earth Charter*)] 等一系列纲领性文件, 将可持续发展作为世界各国共同的发展战略与目标。特别是《21 世纪议程》的发表, 对可持续发展概念的形成及该理论的完善、传播等都起到了重要的推动作用。2012 年 6 月 20 日起, 联合国在里约热内卢召开了为期 3 天的"里约+20"峰会。这是继 1972 年环境大会后, 级别最高、规模最大的一次国际会议。此次会议共有两个主题:"在可持续发展和消除贫困的背景下实现绿色经济"和"为可持续发展建立全球制度框架", 并最终通过了文件《我们希望的未来》(*The Future We Want*), 提出要开展"全球可持续发展报告"的编写工作, 使得可持

---

① 世界野生生物基金会现已更名为"世界自然基金会"(World Wide Fund for Nature)。

② BROWN L R. Building a Sustainable Society [M]. New York: W. W. Norton & Company, 1981.

续发展成为解决全球环境问题的核心要素和“总钥匙”。

与其他理论的发展一样，可持续发展理论在演化过程中也形成了不同的研究流派，学者们分别从自然属性、社会属性、经济属性、科技属性等不同视角对可持续发展进行阐释，尽管在具体的语言表述上存在差异，但是对可持续发展基本内涵的认识大抵相同，都强调公平性、持续性、共同性等原则[①]。而且随着研究的深入，有关可持续发展水平的度量体系与方法也逐渐成为该理论的一个重要组成部分。

可持续发展理论是对人类活动与自然环境关系反思的必然结果，它将环境因素与自然资源、人口、文化、技术、制度等因素进行统筹考虑，把这些因素纳入统一体系中，作为社会经济发展的关键内生变量，为社会经济的发展提供了新的路径选择，其主要目标是实现“经济—社会—生态”复合系统的协调、稳定与健康发展。从长远来看，耕地休耕就是在既满足当代人耕地利用、经济发展和生态环境需求的前提下，为后代提供足够的耕地资源和良好的生态产品，是短期利益与长远利益的综合。可持续发展既是耕地休耕的主要出发点，也是耕地休耕的根本目标，将贯穿耕地休耕的前期规划、后期实施及管控的全流程中，为耕地休耕具体制度构建、项目或工程推行及效果评价等提供指导原则与理论支持。

2.3 本章小结

本章主要探讨了耕地休耕政策评估所涉及的核心概念和基础理论，是对第一章研究内容的扩展与深化，它们共同构成了本书的研究基础。

本章首先对“耕地休耕”“耕地休耕政策”和“耕地休耕政策评估”这三个术语的基本内涵进行了系统阐释，明确了本书的研究范畴与目标。在此基础上，总结、梳理了政策过程理论、复杂系统理论和可持续发展理论的基本原理及发展历程，重点探讨了这些理论如何指导本书的研究工作。

① 赵士洞，王礼茂. 可持续发展的概念和内涵 [J]. 自然资源学报，1996，11 (3)：288-292.

第3章　耕地休耕政策议程设置及工具选择

政策议程是决定社会问题能否进入决策者视野并发展出相应公共政策的关键性因素（魏淑艳，孙峰，2016）。在日常生活中，人们会向政府提出各种要求，但是只会有一小部分要求得到公共政策决策者的注意，“那些被决策者选中或决策者感到必须对之采取行动的要求就构成了政策议程”[①]。美国政治学家伊斯顿（Easton）在其著作中就指出，输入政策制定系统的所有信息都要经过有特定人员看守的“检查站”，政策议程也正是由这些“看门人”所决定的[②]。考察耕地休耕政策议程设置，实际上就是要分析耕地休耕问题成为政府决策的具体过程及其动力机制。而在耕地休耕政策议程设置完成后，是否选择和设计了恰当的政策工具是反映耕地休耕政策执行状况，影响耕地休耕政策效果的一个关键因素[③]。

3.1　政策议程设置的多源流分析框架

目前理论界对政策议程设置内涵的表述存在一定差异，但基本上都认为议程设置是政策议程的创建过程，是决策过程的前置环节。政策议程研究的重要

① 安德森．公共政策制定［M］．谢明，等译．北京：中国人民大学出版社，2009：23-24.

② 伊斯顿．政治生活的系统分析［M］．王浦劬，译．北京：华夏出版社，1999：55-60.

③ 吕志奎．公共政策工具的选择——政策执行研究的新视角［J］．太平洋学报，2006，5：7-16.

开创者，美国后现代思想家科布（Cobb）等认为，政策议程设置“就是把不同社会群体的需求转化为（议程上的）项目以及争夺公共官员注意力的过程”①，戴伊（Dye）则将议程设置定义为“聚焦大众媒体及公职人员对特定公共问题的关注，进而确定如何进行决策”②。孙萍和许阳（2012）认为，政策议程设置“是利益主体之间以公共性为价值取向进行利益表达与博弈的政策议程的创建过程”。王绍光（2006）、张海柱（2016）等认为政策议程设置是政府通过相关公共政策手段对需要解决议题的重要性进行排序的过程。

自20世纪60年代以来，西方学者们陆续对政策议程设置的演进模式与机制等进行系统探讨，已经形成了诸如多源流理论、倡导联盟理论和间断均衡理论等影响力较大的分析框架③。其中，由美国政策学家金登（Kingdon）教授在垃圾桶模型（Garbage Can Model）④ 和其他学者思想的基础上提出的多源流理论⑤，很快就以其强大的解释力迅速成为政策分析的重要理论工具之一。多源流模型通过建立一个多层次稳定结构的理论框架，“洞察到了现实决策背后推动因素的复杂性与多样性”⑥，明晰了政策议程设置或政策变迁的动力机制与触发机制，在很多美国以外国家的政策情境分析中都表现出一定的适用性，逐渐得到各国学者的关注。

金登教授将美国联邦政府视为一种“有组织的无序”，将垃圾桶模型中的问题、解决办法、参与者以及选择机会修正为联邦政府议程设置过程中的问题源

---

① COBB R W, ROSS J K, ROSS M H. Agenda building as a comparative political process [J]. American Political Science Review, 1976, 70 (1): 126-138.

② THOMAS R. DYE. Understanding Public Policy (14th Edition) [M]. Quebecor World Book Services, 2012: 16.

③ JOHN P. Is there life after Policy Streams, Advocacy Coalitions, and Punctuations: Using evolutionary theory to explain policy change? [J]. Policy Studies Journal, 2003, 31 (4): 481-498.

④ 垃圾桶模型是一种决策模式，其逻辑结构包括：(1) 一些完全分离的源流（问题、解决办法、参与者以及选择机会）穿过整个决策系统；(2) 结果在很大程度上依赖于这些源流的结合状况，即取决于问题解决办法的结合情况，取决于参与者之间的互动情况，取决于是偶然缺少解决办法还是有意缺少解决办法。参见：Cohen M D, March J G, Olsen J P. A Garbage Can Model of organizational choice [J]. Administrative Science Quarterly, 1972, 17 (1): 1-25.

⑤ KINGDON J W. Agendas, alternatives, and public policies [M]. Boston: Little, Brown Books, 1984.

⑥ 容志. 基层公共决策的多源流分析——一项基于上海市的实证考察 [J]. 复旦公共行政评论, 2006, 1: 112-131.

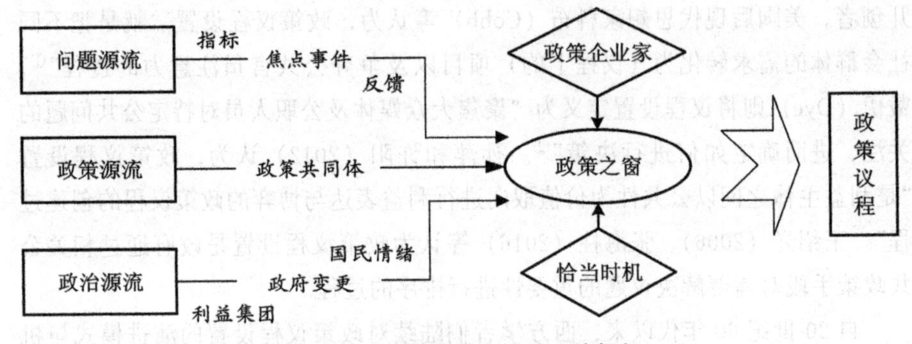

图 3-1　金登教授的多源流理论框架

流、政策源流和政治源流，并确定了不同源流的具体组成要素（见图 3-1）。三股源流有着彼此相互独立的运行轨道、速度与逻辑，当问题界定清晰、政策方案准备充分且政治动力充足时，意味着三股源流的发展趋于成熟。此时，若"政策窗口"[①] 开启，即政策倡议者提出最优解决办法的机会，使社会问题与解决办法相结合，某一问题被提上政策议程的希望就会大大增加。政策窗口的开启有时具有可预测性，但有时又完全出人意料，但是无论何种情况，推动三大源流汇合的力量都来源于"政策企业家"，它是特指那些为推动公共政策变迁，改变公共资源分配方式而投入大量时间、精力的人，如专家学者、人大代表、研究机构、新闻媒体以及其他积极作用参与政策过程的组织或个人等。按照金登教授的说法，"若没有政策企业家，三股源流不可能实现汇合"，"好的思想会因为缺乏倡导者而不能发挥作用"，"问题会由于没有解决办法而得不到解决"，"政治事件也会因为缺乏创造力的高明建议而得不到利用"[②]。同时，由于政策窗口的开启时间通常较为短暂，那些致力于解决某种社会问题和提供某种政策建议的政策参与者分别把政策窗口视为问题解决和方案提出的最佳时机。成熟的政策企业家会在政策窗口开启时抓住时机，促使三股源流迅速汇合，从而推动政策议程建立与变迁。

① 政策窗口为政策议程设置或者政策变迁提供了机会，因而其又被称为"机会之窗"。

② KINGDON J W. Agendas, Alternatives, and Public Policies (2nd) [M]. Beijing: Perking University Press, 2006: 182.

3.2 耕地休耕政策议程设置的多源流分解

问题源流、政策源流和政治源流是政策议程设置的重要前提。其中，问题源流主要包括问题如何被感知以及客观状态如何被定义成问题的。在金登教授看来，问题被人们广泛关注的路径通常有以下三种①：首先是社会指标的警示，在某些特定问题上，政府通常会借助一系列手段和方式对相关指标进行监测，如区域耕地总面积、人均公共绿地面积等，可以及时掌握该问题的动态变化情况；其次是社会问题的转化，除了相关指标的变动外，一些突发事件或重大事件往往能够引起决策者对某个问题的关注；最后是方案的信息反馈，包括现行项目和类似项目在执行过程中的各种反馈信息，如存在的问题、急需改进之处等。当问题源流成功界定问题后，就需要政策源流把问题从规划阶段推进到运行阶段。政策源流主要指各种政策建议或方案的形成过程。金登教授认为，在政策系统中存在着一个由政府官员、学者、相关利益集团等专业人员组合而成的共同体，这个共同体的各个组成部分相互作用，会结合自身情况阐述自己对某个问题的认识与看法，不断发起对政策议程的讨论，随着时间的推移，这些不同的思想和建议在对抗中逐渐融合，那些具有价值可接受、技术可行、预算约束合理等特征的方案形成备选方案，极大地增加了问题进入政策议程的概率。政治源流是流经政策议程的最后一条源流，主要指对政策议程设置起抑制或者促进作用的因素合集，国民情绪、政府更迭、利益集团竞争等是金登教授指出的构成政治源流的主要因素，但是考虑到我国与西方国家政治制度、国家结构等方面的差异，在探讨政治源流的具体构成因素时也应该体现出差异性。

3.2.1 问题源流：耕地休耕问题如何被构建

(1) 重要指标变化 I：耕地质量退化严重

耕地质量是构成耕地的各种自然因素、社会经济因素和环境状况综合作用的结果②，直接反映出耕地生产能力和产品质量的高低，也可以反映出耕地环境状况的优劣程度③。1993 年 8 月，国际土壤信息中心公布的一项研究报告将

---

① 陈奕. 多源流理论视角下城镇企业养老保险政策延展研究——以武汉市为样本 [D]. 武汉：华中师范大学，2011.

② 吴群. 耕地质量、等别、与价格刍议 [J]. 山东省农业管理干部学院学报，2002，18 (l)：73-76.

③ 刘友兆，马欣，徐茂. 耕地质量预警 [J]. 中国土地科学，2003，17 (6)：9-12.

中国同印度、巴西、中美洲国家等列为全世界生产用地损失最严重的地区。目前耕地资源质量、地力退化已成为世界各国特别是一些发展中国家最具威胁力的环境问题之一（徐明岗等，2016），给区域农业可持续发展和社会经济稳定等造成了极大的负面影响。

2012 年底，农业部以全国第二次土地调查前公布的 18.26 亿亩耕地为评价对象，通过土地利用现状图、耕地土壤图和行政区划图等的叠加形成评价单元，综合考虑区域耕地资源的耕作层理化性质、立地条件、土壤剖面形状等方面的因素，对耕地地力进行综合评价，并于 2014 年 12 月 10 日发布了《关于全国耕地质量等级情况的公报》(下称《公报》)。这是继 20 世纪 80 年代全国第二次土壤普查和 2009 年首次全国耕地质量状况调查后，我国耕地质量管理和建设方面极具意义的基础性工作。《公报》将全国的耕地质量等级从高到低依次分成 10 等，表 3-1 是基于我国综合农业区划所形成的不同耕地质量等级占比情况。全国 7～10 等的耕地总面积约为 5.10 亿亩，占总评价耕地的 27.9%，耕地质量状况还有较大的提升空间。2017 年 8 月，原农业部发布了《2016 年全国耕地质量监测报告》，在肯定我国土壤健康状况良好的同时，也指出我国土壤的结构性问题较为突出。

表 3-1　不同农业区划耕地质量等级的比例　　单位:%

区域	耕地质量等别(高→低)									
	1 等	2 等	3 等	4 等	5 等	6 等	7 等	8 等	9 等	10 等
东北区	6.57	11.33	25.21	24.36	17.24	8.86	4.90	1.54	0.00	0.00
内蒙古及长城沿线区	1.98	3.31	5.62	8.39	11.62	15.19	15.35	15.45	14.44	8.64
黄淮海区	5.97	10.86	17.41	19.11	16.77	12.31	7.52	4.05	2.68	3.31
黄土高原区	3.68	4.29	5.80	6.46	7.63	9.84	12.09	16.39	17.58	16.23
长江中下游区	5.30	6.46	12.95	16.78	19.60	13.36	9.87	7.26	5.45	2.96
西南区	3.84	5.03	12.31	16.68	18.83	16.60	12.97	7.90	3.90	1.93
华南区	5.45	6.45	9.29	16.72	13.68	10.98	9.76	9.33	9.74	8.60
甘新区	5.78	13.03	11.92	10.33	7.95	9.90	22.15	12.45	5.18	1.31
青藏区	1.35	0.07	1.97	0.54	5.42	7.30	24.89	28.92	25.26	4.29

资料来源:根据《关于全国耕地质量等级情况的公报》整理而来①。

① 详见:http://www.moa.gov.cn/govpublic/ZZYGLS/201412/t20141217_4297895.htm.

与此同时，传统“高投入、高产出”的粗放耕作模式导致耕地资源的高强度、超负荷利用，耕地基础地力不断退化，有机质含量持续降低（徐明岗等，2016）。我国耕地面积总量不及世界的1/10，但化肥施用量接近世界总量的1/3，农药使用强度是世界平均水平的2.5倍[①]。《中国农村统计年鉴2016》资料显示，1990—2015年，我国化肥施用量（折纯量）和农药使用量分别由2590.3万吨、73.3万吨增加到6022.6万吨和178.3万吨，增幅分别高达132.51%和143.25%；同期，农作物播种总面积由14836万公顷增加至16637万公顷，增幅仅为12.14%，粮食总产量则由1990年的44624.3万吨增加至2015年的62143.9万吨，增幅为39.26%。不断增加的化肥、农药投入与农作物播种面积和粮食产量之间并没有实现脱钩：我国农田氮素化肥的平均施用量比欧美发达国家高1～2倍，但粮食单产水平却比这些国家低10%～30%[②]。除此之外，不合理的施肥、过度使用农药、农用地膜的残留，以及工业三废、酸雨等造成耕地污染日趋严重，抵御自然灾害的能力也比较弱（陈印军等，2011）。

从部分区域的情况来看，由于长期粗放式的农业生产行为和高强度的耕地开发利用，导致世界四大黑土区之一的东北地区水土流失严重，黑土地自然肥力逐年下降，黑土层的平均厚度已经由开垦初期的80～100厘米锐减至20～30厘米，在一些地区，土壤有机质的平均含量甚至由初期的3%～6%变化至目前的2%～3%[③]，每年因此而减少粮食产量112万吨～125万吨[④]。华北平原因为长时间的浅层旋耕，耕层厚度比适宜耕种厚度低3～7厘米[①]，严重降低了土壤的透水、透气性能，而且还容易造成抗旱能力下降、培肥能力下降等后果。

① 张红宇. 新常态下现代农业发展与体制机制创新［J］. 农业部管理干部学院学报，2015（18）：6-16.

② 徐明岗，卢昌艾，张文菊，等. 我国耕地质量状况与提升对策［J］. 中国农业资源与区划，2016，37（7）：8-14.

③ 数据来源：国家发展改革委员会、财政部等八部委联合印发的《耕地草原河湖休养生息规划（2016—2030年）》。

④ 李腾飞，亢霞. “十三五”时期我国粮食安全的重新审视与体系建构［J］. 农业现代化研究，2016，37（4）：657-662.

不仅如此，地下水超采、城市建设占用耕地等也严重制约了耕地高效利用和粮食生产。我国黄淮海平原是目前世界上面积最大且下降速度最快的地下水漏斗区，自1980年以来，该区域浅层和深层地下水分别以每年0.46米±0.37米和1.14米±0.58米的速度下降，远高于北美平原的0.3米/年和印度西北平原的0.8米/年①。

有研究表明，到2020年，在耕地质量退化、耕地面积减少等多种因素的共同作用下，我国粮食生产能力将下降1%以上②。2013年，《OECD-FAO农业展望2013—2022》也指出，在中国经济快速增长和资源的严重约束下，粮食供应是一个非常艰巨的任务③。如何通过制度融合或创新实现耕地可持续利用与发展显得尤为必要与迫切。2016年12月30日起，由国家质量监督检验检疫总局(国家质检总局)和国家标准化管理委员会(国家标准委)联合批准发布的《耕地质量等级》(GB/T 33469—2016)正式开始实施，这是我国第一部有关耕地质量评定的国家标准，为我国耕地资源的可持续利用及耕地质量的有效监测等提供了科学依据与方法论指导。2017年5月2日，原农业部成立耕地质量监测保护中心，重点监测华北地下水超采区、东北黑土地退化区、南方重金属污染区及其他耕地生态脆弱区等。尽管耕地质量和地力下降的显性现象和隐性危害已经得到了政策制定者的广泛关注并形成了一些切实可行的制度安排，但是加强退化耕地的综合治理及管护仍然任重而道远。

(2) 重要指标变化II：粮食储备库存过大

粮食储备是一个国家从上一个生产季节所获得的粮食在新的收获季节开始时的结存量④，是一个国家或地区粮食安全体系的重要组成部分，也是进行粮

① 张雪靓，孔祥斌．黄淮海平原地下水危机下的耕地资源可持续利用[J]．中国土地科学，2014，28(5)：90-96.

② 宋洪远．实现粮食供求平衡 保障国家粮食安全[J]．南京农业大学学报(社会科学版)，2016，16(4)：1-11，155.

③ 数据来源：http://dx.doi.org/10.1787/agr_outlook-2013-en.(p.103：Feeding China in the context of its rapid economic growth and limited resource constraints is a daunting task with both potential risks and opportunities for global markets.)

④ 刘悦，刘合光，孙东升．世界主要粮食储备体系的比较研究[J]．经济社会体制比较，2011(2)：47-53.

食宏观调控的基础条件和重要手段。

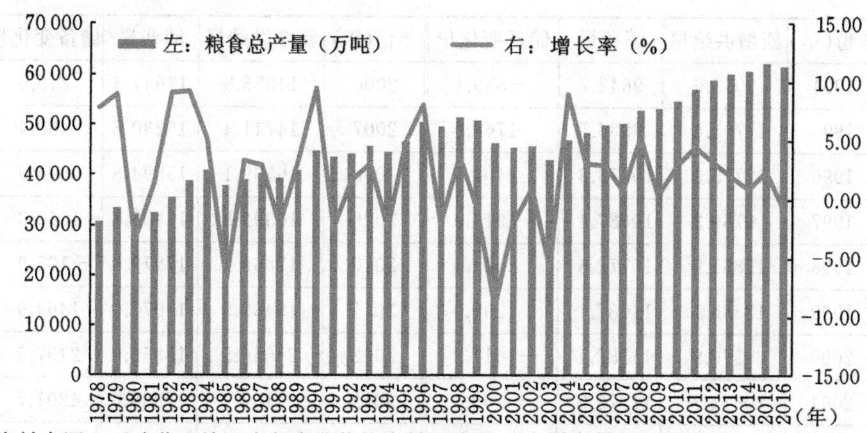

资料来源：《改革开放三十年农业统计资料汇编》，《中国农村统计年鉴（2008—2017）》

图 3-2　1978—2016 年我国粮食生产总量及变化情况

自 1990 年国发 55 号文件《国务院关于建立国家专项粮食储备制度的决定》发布以来，我国先后成立了国家粮食储备局①和各地市粮食厅（局），负责为粮食储备制度的发展与完善提供政策支持和组织保障。目前我国已经形成了以国家公共储备为主体，企业商业性储备和居民家庭储备为支撑的多层次粮食储备体系（贾晋，董明璐，2010）和相对完整的调控组织管理体系，在平衡粮食供求关系、控制粮食价格波动、健全粮食市场体系等方面都起到过重要作用。然而，随着我国粮食生产总量的持续走高（图 3-2），粮食库存规模也不断增加。表 3-2 反映的是 20 世纪 90 年代以来我国玉米储备量变化情况，从中也可以在一定程度上看出我国粮食储备的大体情况。

表 3-2　1991—2014 年我国玉米储备量变化情况　　单位：万吨

年份(年)	新增供给量	消费量	储备变化量	年份(年)	新增供给量	消费量	储备变化量
1991	9099.3	8752.7	346.6	2003	9943.0	11889.2	−1946.2
1992	8504.3	8786.1	−281.8	2004	12796.5	12320.3	476.2
1993	10269.3	9050.7	1218.7	2005	13072.7	13181.0	−108.3

① 1999 年 11 月 26 日，国务院办公厅国办发〔1999〕96 号文件决定国家粮食储备局改组为国家粮食局与中国储备粮管理总公司。

续表

年份(年)	新增供给量	消费量	储备变化量	年份(年)	新增供给量	消费量	储备变化量
1994	9053.6	9642.7	−589.1	2006	14856.9	14641.3	215.6
1995	11705.4	9936.5	1768.9	2007	14741.4	15230.8	−489.4
1996	12775.3	10373.8	2401.5	2008	16569.1	15894.8	674.3
1997	9769.2	10687.1	−917.9	2009	16392.8	17405.1	−1012.3
1998	12851.9	10772.6	2079.3	2010	17869.1	17975.0	−105.9
1999	12385.1	11087.1	1298.0	2011	19439.9	17975.0	1464.9
2000	9570.9	11182.1	−1611.2	2012	21056.5	18859.0	2197.5
2001	10812.7	11576.0	−763.3	2013	22167.7	17966.0	4201.7
2002	10964.1	11853.2	−889.1	2014	21822.5	17301.1	4521.4

资料来源:王大为,蒋和平.我国粮食安全与粮食储备关系研究——以玉米为视角[J].河南工业大学学报(社会科学版),2016,12(4):4.

美国农业部在2017年7月发布的报告《粮食：世界市场与贸易》(*Grain: World Markets and Trade*)显示，2016/2017市场年度，我国稻谷、玉米、小麦的期末库存量分别为6953.3万吨、10129.8万吨和11099.2万吨，主粮库存规模总计高达2.8亿吨，位居世界第一[①]，粮食储备率远高于世界粮农组织规定的安全水平。而根据粮食的生命周期，稻谷、玉米、小麦的最佳存储期分别为3年、2年和4年，一旦超过了这个期限，粮食品质将会下降，只能用作饲料用粮或肥料[②]。

除此之外，过高的粮食储备给国家财政和农业生产等也会造成一定的负面影响。第一，粮食储备规模的持续高企加重了国家的财政负担。《人民日报》(海外版)就曾撰文指出[③]，“国内粮食产量高”“粮食库存量高”等格局将会给

① 数据来源：美国农业部官方网站 https://www.fas.usda.gov/data/grain-world-markets-and-trade.

② 关丽萍. 中国粮食开启去库存时代 [J]. 黑龙江粮食，2015，12：8.

③ 人民日报海外版. 高产量高库存对上高进口 中国粮食“三高”矛盾如何解 [EB/OL].(2016-11-15) [2016-11-15]. http://paper.people.com.cn/rmrbhwb/html/2016-11/15/content_1727580.htm.

我国未来粮食安全造成一定隐患，特别是高库存导致财政的高额补贴和管护费用，给国家造成了极大的经济负担。一方面，为了给农业生产创造良好的环境，国家在生产环节投入大量资金用于农业基础设施建设，对各种惠农政策的扶持力度也不断加大，以增强农民的种粮积极性，“十二五”期间，中央财政安排农业基建投资额高达10790亿元，比“十一五”时期净增长4990亿元①。另一方面，随着库存规模的增加，又需要国家投入巨资新建（改建）大量粮食仓储设施，仅2009—2014年，中央财政资金就补贴各地和央企建仓3480万吨，2015年，全国新增新建仓容5000万吨②。而为保证这些储备粮的质量，还需要大量管护费用，有研究表明，国家每年的粮食储存费用约为250元/吨③。第二，粮食储备的高库存和全球性供给过剩使得主要农产品价格下行压力增大。自2008年全球性金融危机以来，我国在国家托市收购政策的影响下，市场对粮食供求关系的调节作用和对粮食价格的形成作用不能得到有效发挥，正常的市场价格由以最低收购价和临时收储价格为代表的“政策价”所替代，给下游粮食深加工企业的需求水平造成很大的冲击。而且，由于国内外粮价倒挂，国内农产品价格远高于国际市场价格④，也在一定程度上影响我国农业综合竞争力，用粮企业和贸易商等倾向于采购进口替代品，这使得本就失衡的国内粮食供求关系更加严重，造成粮食等主要农产品价格持续低位徘徊。探寻粮食储备方式转型已成为我国粮食储备机制创新的一个关键选择和重要突破口。

(3) 社会焦点事件的转化

社会焦点事件或突发事件在议程设置过程中充当“催化剂”作用，相关焦点事件的发生能够引起社会的广泛关注，从而更容易得到决策部门的重视。具体到耕地休耕政策，主要包括因耕地污染对农产品安全和食品安全，耕地过度利用及过量投入等对农村社会稳定、经济发展等造成负面影响的新闻事件。

---

① 中国农村财经研究会课题组. 中国财政支农政策与体系的演变历程 [J]. 当代农村财经，2016，3：9-23.

② 国家发展改革委员会，农业部，财政部. 粮食收储供应安全保障工程建设规划（2015—2020年）[R].

③ 刘笑然. 去除粮食高库存是当务之急 [J]. 中国粮食经济，2015，9：24-28.

④ 顾海兵，王树娟. 国际粮价与国内粮价年度相关关系研究及十三五预测性建议 [J]. 山东社会科学，2017，1：122-128.

在耕地污染方面，如2001年1月8日，湖南郴州市苏仙区的郴州砷制品厂直接将生产过程中禁止排放的闭路循环废水外排，导致附近邓家塘村多位村民出现了不同程度的砷污染急性和亚急性中毒，而且大部分农田遭污染（中度和轻度污染面积分别为107亩和189亩），直接和间接经济损失约百万元。2011年12月，江西乐平市政府发布调查报告，指出从20世纪70年代开始，江西铜业在其上游德兴市的多家有色矿山企业共计向贯通两市的乐安河流域中排放包含有毒非金属物质和重金属污染物的废水6000多吨，造成乐平市耕地污染严重，10000余亩耕地因此减产，9269亩耕地因此而荒芜绝收。2012年3月26日，中央电视台《焦点访谈》栏目专题报道了山西汾阳耕地污染事件，此次事件共涉及5个乡镇26个村，受损耕地面积总计18379.4亩，一大批地方官员因此而被免职，涉事企业的法人也被公安部门控制。2013年5月16日，广州市食品药品监督管理局公布了该年第一季度餐饮环节食品及相关产品的抽检结果，其中，大米及米制品的不合格率最高，为44.44%，不合格批次的原因都是镉含量超标，且生产地均位于湖南省，湖南大米镉超标事件迅速在社会上引发轰动，成为主流媒体和公众议论的焦点。有媒体甚至曾结合耕地污染的主要危害绘制过“中国镉大米污染不完全分布图”，在社会上也引起了极大的反响。

在耕地过度利用方面，中央电视台《经济半小时》《焦点访谈》《聚焦三农》等节目曾多次专门报道农业生产要素的过度投入问题，如《如何提升农业生产效率》《失控的农药》《河南扶沟县农药使用情况调查》等，这些事件都对耕地休耕政策议程设置产生了一定程度的影响。

(4) 现行相关政策的反思反馈

对现行相关政策的反思也是耕地休耕政策议程设置过程中的一个重要问题源流。作为一种最基本的自然资源，耕地除了能够生产农产品外，还具有净化空气与地下水、提供独特生态景观、保护生物多样性等非生产性功能。诺曼底人为了享受农村自然景观，愿意每年支付200法郎；瑞典人为了有效保障耕地的清洁功能，愿意每人每年支付约78埃居（Drake，1992）。事实上，为协调好耕地资源数量、质量及与经济发展之间的关系，在发展中促保护，以保护促发展，我国实行了最严格的耕地保护制度，而且根据我国耕地资源长期高负荷运转的特殊现实，我国的理论研究者与政策制定者纷纷就耕地利用方式转型和耕作制度创新等进行了有益探索，并且衍生出退耕还林还草、中低产田改造、农田整治、污染耕地修复等地力恢复工程及保护性农业实践。这些政策安排在改善耕地质量及农业生产环境等方面都起到过很明显的积极作用，但是在政策的实施过程中，也暴露出利益协调困难、后期管护不力等困境，特别是边治理边利用的模式也不利于缓解对耕地资源地力的透支使用。

3.2.2 政策源流：耕地休耕政策建议的筛选

耕地休耕的备选方案经过政策共同体的集体讨论后就会初步进入决策者的视野，但是在众多政策共同体中，真正发挥作用的是那些具有特殊地位、身份以及具备特定领域专业技能的个人或组织，它们往往因为自身优势掌握着一些重要的资源。表 3-3 反映的是耕地休耕政策共同体主要成员的构成（部分）及相关情况说明。从我国的现实情况来看，耕地休耕的政策共同体主要包括相关领域的专家学者、政府官员、大众媒体、社会公众等利益相关者，其中又以专家学者为主。

表 3-3　耕地休耕政策共同体的描述

身份	姓名	基本观点或主要政策建议	备注
学者	封志明 2000 年	在世界粮食生产徘徊不前、国家经济实力不够强、耕地后备资源有限、粮食生产面临人民生活水平普遍提高和人口日益增长双重压力的情况下，实施“藏粮于土”计划，提高中国土地资源综合生产能力	国内知名学者，长期从事水土资源可持续利用研究
	许经勇 2004 年	要改变单纯追求粮食播种面积及产量的传统观念，由简单的“藏粮于库”向“藏粮于库”“藏粮于地”和“藏粮于科技”的综合发展模式转变	国内著名经济学家，国家级有突出贡献中青年专家（1992 年）
	杨正礼 2005 年	“藏粮于田”战略是提高耕地生产能力的根本途径。主张建立《农田质量法》或者在《基本农田保护条例》中增加农田质量维护方面的条款	中国生态学会农业生态专业委员会委员，研究团队长期关注农田污染防治、农业生态等问题

续表

身份	姓名	基本观点或主要政策建议	备注
学者	唐华俊 2005 年	实施“藏粮于地”战略，建立科学的土壤质量评价标准和合理的土壤质量保护奖励制度，同时主张将土壤质量建设纳入国家中长期科技发展规划中	中国工程院院士，农业土地资源专家
	葛颜祥 2005 年	由单纯的“藏粮于仓”向“藏粮于仓”与“藏粮于地”的结合转变，可以适当调减粮食播种面积与生产量，但是必须保证那些作调减用途的耕地用途不能转变，可转为类似蔬菜用地的其他农作物用地，不得转为非农用途，损害粮食的生产能力	生态问题研究专家
政府官员	杜青林 2003 年	由传统的“藏粮于民”和“藏粮于库”向“藏粮于地”转变，并且要加强科技创新与储备，提高粮食生产产量和质量	时任农业部部长，在当年全国农业工作会议上提出此观点
	温家宝 2006 年	加强粮食综合生产能力建设，做到“藏粮于地”和“藏粮于库”相结合	时任国务院总理，在当年中央农村工作会议上提出此观点
	聂振邦 2006 年	确保国家粮食安全的关键在于实现“藏粮于地”“藏粮于库”和“藏粮于科技”的有机结合	时任国家粮食局局长，在当年全国粮食科学技术大会上提出此观点
	李贺军 2007 年	“藏粮于地”一方面要保证一定量的高质量耕地，另一方面可以根据全国或区域的粮食库存情况及年景好坏等，有组织、有计划地进行耕地休作	时任吉林省粮食局省副局长，在《中国粮食经济》上撰文提出此观点

续表

身份	姓名	基本观点或主要政策建议	备注
人大代表/政协委员	李经谋 1999 年	为深化粮食流通体制改革,可以探讨实行休耕制度的可行性	全国人大代表,在九届全国人大二次会议代表发言中表明此观点
	黄鸿翔 2004 年	国家应该把提高耕地质量,实施"藏粮于地"战略提升到重要日程上	全国政协委员,在接受《农民日报》专访,解读当年度中央一号文件时提出此观点
	九三学社中央 2013 年	改变粗放型的农业发展模式,加大土壤肥力改善、土地复垦整理、优良作物培育及绿色农业科技人才培养等方面的投入,在保证耕地总量动态平衡的前提下不断提高耕地质量,提高耕地的生产力	在全国政协十二届一次会议上提交《关于加强绿色农业发展的建议》提案
	陈温福 2013 年	藏粮于地,大有可为。"不能种子孙的地,吃子孙的粮"	全国人大代表、水稻专家、中国工程院院士。在当年全国"两会"上提出此论断

资料来源:根据中国知网(CNKI)数据库及相关网络资料整理而成。在耕地休耕政策形成过程中,新闻媒体、互联网等都起到过重要的推动作用,但是考虑到这一过程中,媒体或网络舆论主要对学者的观点或政府机构的政策安排进行报道,故本部分并未将其纳入政策企业家范畴。

早在 20 世纪 90 年代中后期，国内就有学者根据我国粮食价格下行压力增大、粮食库存大量增加等现实背景，认为“大量储备粮食不如适当储备粮食生产能力”，提出实行部分良田休耕，实行“藏粮于地”“藏粮于技”，以解决库存积压问题，并就思想认识、计划制定、政策配套等良田休耕涉及的关键问题进行了分析与探讨。然而，基于粮食安全问题约束、耕地资源的大量流失、建设用地规模的快速膨胀和粮食安全观的现实考虑，耕地休耕问题在一段时间内并没引起国家和相关部门的足够重视。中国农业大学孔祥斌教授带领的团队长期致力于华北平原（又称黄淮海平原）水土资源约束下耕地资源的可持续利用研究，他们在 2013 年向国务院提交的《关于黄淮海平原地下水超采区实施休耕的建议》得到了国土资源部原部长以及其他国家领导人的重视并作批示，相关内容纳入中国共产党第十八届中央委员会第三次全体会议通过的《中共中央关于全面深化改革若干重大问题的决定》第53条中，同时也意味着耕地休耕开始上升到国家政策高度。

3.2.3 政治源流：耕地休耕政治环境的变化

政治源流通常独立于问题源流和政策源流而存在，是一个对社会问题解决起到推动或阻滞作用的政治过程①。它使得政策主体在进行决策时除了考虑政策本身所产生的预期效益外，也不能忽视社会公众利益需求所形成的政治压力②。具体而言，耕地休耕问题在经过问题源流和政策源流的持续发酵后，会通过政治源流的作用而在政策制定系统中占据较为有利的决策位置。从我国的政治环境来看，耕地休耕政策议程设置的政治源流集中表现在政府施政理念的变化上，特别是在“全面深化改革”持续推进的现实背景下，政府在耕地利用、耕地保护领域进行的理念创新与实践。

经过改革开放以来近40年的发展，我国的经济建设、社会发展等都取得了巨大成就，但也付出了沉重的代价，传统“重速度，轻质量”的粗放型发展模式与资源利用方式已经成为新发展常态下我国社会经济有序转型的主要桎梏。特别是作为我们赖以生存和发展基础的耕地资源，在快速城市化浪潮的冲击和长期高强度的利用下，无论是数量还是质量都表现出下降态势。而且应该看到，区域耕地利用系统内部一直都进行着物质循环及能量交流的生态过程③，数量与质量的“双降”态势必然会破坏系统内部的要素循环路径及其与外部环境的交流机制，有关耕地生态破坏的新闻报道也频繁地出现在主流媒体及主要互联网媒介上。

事实上，党中央、国务院一直以来都高度重视耕地资源保护和生态建设，积极探索融入可持续发展、生态文明理念的耕地保护管理体制与机制创新。2007年10月，党的十七大报告明确提出“要建设生态文明”，这是继2003年

---

① 刘娟. 我国阶梯电价的政策议程分析——基于多源流理论框架 [D]. 武汉：湖北大学，2014.

② 王甲. 多源流视角下的土地流转政策过程分析 [D]. 上海：复旦大学，2011.

③ 姜广辉，张凤荣，孔祥斌，等. 耕地多功能的层次性及其多功能保护 [J]. 中国土地科学，2011，25 (8)：43.

"全面、协调、可持续的科学发展观"，2006年"资源节约型社会和环境友好型社会"等发展理念与战略后，党中央对"人与自然和谐发展"的深刻洞察。2012年，党的十八大将"生态文明建设"提高到中国特色社会主义"五位一体"总体布局的战略高度，要求把"生态文明建设"融入经济、政治、文化和社会建设的各方面与全过程中，实现永续发展，也为耕地资源数量保护、生态维护及可持续利用等提供了行动指南。此后，以习近平同志为核心的党中央，将生态文明建设作为实现中华民族伟大复兴中国梦的重要内容，对生态文明理念进行了系统思考与探索，形成了一系列新思想，制定了一系列新举措，理论与实践的高效结合，有力地推动了生态文明建设的发展步伐。目前，生态文明建设已经成为我国如期全面建成小康社会的关键突破口[①]，也是实现中国梦的绿色基础和必然选择。耕地休耕政策是我国耕地保护这一基本国策的重要制度创新，是生态文明建设这一国家战略在耕地利用领域的具体应用。

3.3 耕地休耕政策议程设置的多源流汇合

从上文分析可知，耕地休耕议题的问题源流、政策源流和政治源流都发生了明显变化，三股源流的共同作用为耕地休耕议题进入决策议程提供了基础和条件，但是三条源流并不会自动汇合，还需要适当的时机以及政策企业家的推动。政策企业家会利用危机焦点问题或者政治上的机会提出有关耕地休耕的原则性备选方案。

3.3.1 政策窗口的开启：中共十八届五中全会

政策窗口的开启是政策决策的一个关键环节，它意味着某一社会问题成为政策议题的可能性增大。在某个关键的时间点上，政策窗口开启，耕地休耕问题就会被纳入议事日程。金登教授总结了问题之窗和政治之窗两类政策窗口：前者是由问题源流中的某种社会统计指标剧烈变化或某种公众关注的焦点事件，或者政策目标群体对原有政策效果的激烈反馈而触发政策窗口的开启；后者是

① 中共中央文献研究室《中国特色社会主义生态文明建设道路》课题组. 为中国梦的实现创造更好的生态条件——十八大以来党中央关于生态文明建设的思想与实践 [J]. 党的文献，2016，2：9-14.

由政治源流中的国民情绪显著波动、新的选举结果或者利益集团的活动导致的政策窗口的开启。在我国，“两会（政协、全国人大）”和“党代会”都是重要的政策窗口，在这些会议期间，各位代表或委员提出的建议或议案是影响相关政策出台的重要因素。

就耕地休耕政策而言，在广泛采纳社会各界的意见和观点后，2013年11月12日，中国共产党第十八届中央委员会第三次全体会议通过了《中共中央关于全面深化改革若干重大问题的决定》（下称《决定》），在第53条中提出“有序实现耕地、河湖休养生息”，这是我国首次以中央文件的形式，在国家决策层面提出进行耕地休养生息的政策设想，体现了我国对耕地资源和粮食产能保护的高度重视。但是耕地休耕被真正被提上议事日程的标志是中共十八届五中全会，2015年10月29日，中国共产党第十八届中央委员会第五次全体会议通过了《中共中央关于制定国民经济和社会发展第十三个五年规划的建议》，明确提出要“实施‘藏粮于地、藏粮于技’战略，全面划定永久基本农田，探索实行耕地轮作休耕制度试点”，为未来耕地保护及耕地休耕工作指明了方向，耕地休耕也很快进入了新的发展阶段。

3.3.2 政策企业家与三流汇合

如果三股源流无法成功汇合，政策窗口将会在短暂的开启后又迅速关闭。根据金登教授的研究，问题源流、政策源流和政治源流都有着各自的流淌路径与过程，它们的成功结合还需要政策企业家在政策窗口开启时登场（见图3-3）①。

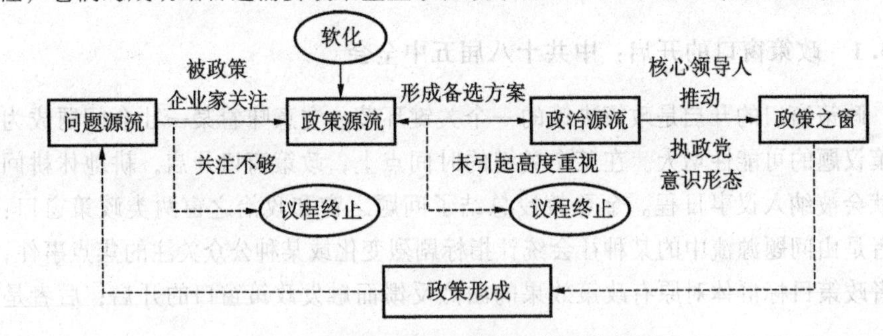

图3-3 多源流视角下耕地休耕政策的过程

① 在多源流模型中，“软化”是指政策企业家对政策制定系统施行的说服活动和政策倡导行动等筹备工作。

在2013年《决定》发布后，很多政策企业家都利用自身的优势，通过不同渠道与形式表达着我国实施耕地休耕政策的必要性及重要性，并通过网络及其他信息化手段的传播，强化了决策者对耕地休耕问题的关注。

2014年7月4日，由浙江大学吴次芳教授主持的“我国耕地资源休养战略和保障机制研究”被全国哲学社会科学规划办公室正式列入当年度第一批国家社科基金重大项目中。同年，由中国农业大学孔祥斌教授主持的“我国耕地资源休养生息战略及其保障机制研究”获得国家社会科学基金重点项目资助，这是我国较早的两个直接围绕“耕地休耕”进行研究的国家级课题。随后，社会公众和相关领域的研究者对耕地休耕的关注度逐渐上升，特别是2015年中共十八届五中全会后，耕地休耕成为地理学、生态学、管理学、经济学等学科的研究热点和焦点。2015年，由西南大学杨庆媛教授主持的“实行耕地轮作休耕制度研究”、江西财经大学谢花林教授主持的“中国耕地轮作休耕制度构建与应用研究——基于利益相关者行为协同视角”分别获得国家社科基金重大项目和重点项目资助。有学者提出耕地休耕政策实施过程中的补偿问题应该得到高度重视，由东华理工大学吴萍教授主持的“农用地休养生态补偿法律问题研究”、农业部管理干部学院穆向丽老师主持的“农业供给侧结构性改革中农户农地休耕补偿机制”分别获得2015年国家社会科学基金一般项目和2016年国家社会科学基金青年项目资助。

与此同时，国家自然科学基金委员会也公布了一些与耕地休耕主题相关的研究课题。如由华中科技大学卢新海教授主持的“藏粮于地理念下耕地轮作休耕对象确定、模式选择与实现路径研究”获2016年国家自然科学基金面上项目资助，“土地整治对耕地轮作休耕的影响研究”“基于土地休耕与粮食安全的华北平原冬小麦空间优化布局及其水足迹效应评估”分别获得2016年国家自然科学基金青年项目资助。除此之外，在中国知网（CNKI）数据库中，以“休耕”为篇名进行检索，也可以看出对这一主题的关注度呈上升趋势。2001年至2012年，根据检索规则获得的论文总数为24篇，2013年度共有9篇，2014年和2015年分别为8篇和11篇，2016年则增加至43篇。2016年5月20日，中央全面深化改革领导小组第二十四次会议审议通过了《探索实行耕地轮作休耕制度试点方案》，这是首部在国家层面为规范耕地轮作休耕而制定的法规，耕地休耕试点工作也陆续在湖南、云南、贵州、河北等省份有序展开。在这一过程中，如果没有政策企业家的参与及软化行为，就会削弱核心决策者的政治紧迫感及对问题的感知程度，三大源流之间无法建立起有效的联动机制，耕地休耕问题上升到决策议程的进程也将放缓。

3.4 耕地休耕政策工具选择与应用

政策工具，又称治理工具或政府工具，最早起源于社会科学相关领域的研究。自20世纪80年代开始，在政策科学和公共管理研究等领域也陆续出现了政策工具相关的著作并得到稳步发展。它是指在既定的政策环境下，政策执行者为解决政策问题、达成政策目标、实施政策方案等而采取的具体手段和方式①。

所有的公共政策“总是通过这种或那种手段，旨在让人们做某些事情，不做某些事情，或者继续从事他们本来不愿从事的活动”②。与其他任何一项政策类似，耕地休耕政策实际上也是目标与工具的有机统一。耕地休耕政策的执行过程，实际上是在目前国际国内耕地资源利用、粮食生产等面临的新发展常态下，针对耕地保护而对各种政策工具进行公共选择的过程，这就决定了一些政策工具会比另一些政策工具更有效，且随着时间的推移，一些政策工具可能会失效，那样就需要再选择其他的政策工具。正如美国学者登哈特（Denhardt）所言，政策执行失败的最重要原因，“不是管理技巧而是执行的工具”③。选择恰当的政策工具不仅是实现耕地休耕政策预期目标的基本路径④，还将直接决定耕地休耕政策执行的顺畅程度及整体绩效。

3.4.1 基于政策工具的耕地休耕政策二维框架构建

不同的政策工具选择将会形成不同的政策活动，直接影响到政策的实施效果。1964年，荷兰经济学家科臣（Kirschen）最早对政策工具进行分类，这也被认为是有关政策工具分类研究的开端。1983年，英国学者胡德（Hood）在其

① 严强. 公共政策学［M］. 北京：社会科学文献出版社，2008.

② 安德森. 公共决策［M］. 北京：华夏出版社，1990：165.

③ 登哈特. 新公共服务：服务，而不是掌舵［M］. 方兴，丁煌，译. 北京：中国人民大学出版社，2004：105.

④ 钱再见. 论政策执行中的政策宣传及其创新——基于政策工具视角的学理分析［J］. 甘肃行政学院学报，2010（1）：11-18，125.

著作《政府的工具》(*The Tools of Government*)中对政策工具进行了系统介绍与分析[①]，这也是上世纪80年代有关政策工具研究最有影响力的著作。1998年，美国学者彼德斯(Peters)和荷兰学者冯尼斯潘(Frans Nispen)在他们的著作中较为全面地列举了一系列政策工具[②]，我国学者顾建光将该书翻译后成为国内首部有关公共政策工具研究的译著[③]。我国学者陈振明、张成福等也都对政策工具进行了系统介绍与研究。经过理论界对政策工具分类的系统探讨与研究，目前已经形成了大量竞争性的分类方法和不同体系的"政策工具箱"，对政策科学的发展和公共管理实践等都产生了深远影响。表3-4反映的是目前国内外学术界一些有关政策工具分类较具代表性的框架。

表3-4 国内外学术界有关政策工具类型划分的代表性方法

序号	作者	时间	分类依据	类型划分
1	科臣	1964年	—	整理了64种一般化工具，被认为是西方理论界政府工具研究的开端。
2	罗威	1964年	强制程度	规制性工具、非规制性工具
3	罗斯威尔和泽格费尔德	1985年	政策工具产生影响的层面	环境型工具、供给型工具、需求型工具
4	麦克唐纳和艾莫尔	1987年	工具的目的	命令性工具、激励性工具、能力建设工具、系统变化工具
5	胡德	1995年	政府资源	政府的信息、政府的财力、政府的权威、政府的正式组织
6	豪利特和拉米什	1995年	强制程度	自愿性工具(非强制性工具)、混合性工具和强制性工具
7	施耐德和英格拉姆	1997年	工具的目的	激励工具、能力建设工具、符号与规劝工具、学习工具

① HOOD C. The Tools of Government [M]. The Macmillan Press Ltd, 1983.

② PETERS B G, FRANS NISPEN K M V. Public policy instruments: evaluating the tools of public administration [M]. Northampton: Edward Elgar Publishing, dnc., 1998.

③ 彼德斯，冯尼斯潘. 公共政策工具：对公共管理工具的评价 [M]. 顾建光，译. 北京：中国人民大学出版社，2007.

续表

序号	作者	时间	分类依据	类型划分
8	狄龙	1998年	工具的价值	法律工具、交流工具、经济工具
9	陈振明	1999年	工具的价值	市场化工具、工商管理技术、社会化手段
10	萨拉蒙	2002年	公共产品类型	直接管理、直接贷款、社会规制、拨款、经济规制、合同、保险、税收
11	张成福	2008年	强制程度	政府部门直接提供财货与服务、志愿服务、政府委托的补助、市场运作、特许经营等

资料来源:作者自行整理。

总体来看，目前学者们根据不同依据对政策工具的具体类型进行了划分，如豪利特（Howlett）和拉米什（Ramesh）根据政府权力的直接参与程度、施耐德（Schneider）和英格拉姆（Ingram）根据政府如何引导目标群体的行为方式等进行的类型划分。由于分类标准并不统一，在具体的政策工具种类上也有很大的差异，最少的仅有3类，最多的高达64类。其中，罗斯威尔（Rothwell）和泽格费尔德（Zegveld）通过对美国、日本等国家经济发展、科技创新与政府政策相互关系的探讨后提出的政策工具分类方法，将政策工具分为环境型、供给型和需求型三种类型，强化了政府在相关政策推进过程中的环境营造者角色，弱化了政策工具的强制性特点，指出政府并非仅仅起到控制者和干预者作用，表现出明显的市场化倾向，这也是与胡德、豪利特等学者政策工具分类思想的最大不同之处，特别是凸显了需求与供给在推进政策发展过程中所起到的作用。下文将尝试以罗斯威尔和泽格费尔德提出的分类思想为视角和框架来分析我国耕地休耕政策。

(1) X维度

根据上文的分析，将罗斯威尔和泽格费尔德提出的政策工具分类思想作为我国耕地休耕政策分析的X维度，即将耕地休耕政策所涉及的政策工具划分为环境型、供给型和需求型三种（见图3-4）。

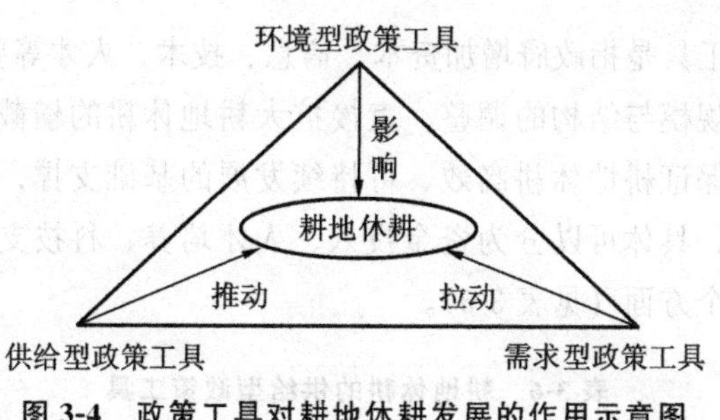

图 3-4　政策工具对耕地休耕发展的作用示意图

环境型政策工具的作用效应通常不直接显现，而是表现为持续的间接影响，主要是指政府部门通过立法规制、财税制度等为耕地休耕政策的发展营造良好的外部环境，间接推动耕地休耕工作的开展与创新，又可进一步细分为目标规划、税收优惠、金融服务、法规管制和策略性措施五个方面（见表 3-5）。

表 3-5　耕地休耕的环境型政策工具

类型	名称	基本内涵
环境型政策工具	目标规划	政府根据耕地资源利用状况与社会经济发展预期，对耕地轮作休耕要实现的目标进行总体描述与规划
	税收优惠	政府对那些积极参与耕地轮作休耕技术研发、项目实施等活动的企业、新型农业经营主体等给予税收方面的优惠，如免税、租税抵扣、投资抵减等
	金融服务	政府通过财政补助、财务分配安排、融资、贷款保障等多种手段促进耕地轮作休耕政策的发展
	法规管制	政府通过制定耕地轮作休耕项目实施、轮作休耕地块管护、地块质量监控、休耕地复耕等一系列法规和制度安排，规范轮作休耕过程中参与主体的行为及过程，为轮作休耕创造良好的环境
	策略性措施	政府通过建立良种研发实验室、示范项目区等推动耕地轮作休耕发展

供给型政策工具是指政府增加资本、信息、技术、人才等要素的有效供给，通过对相关要素规模与结构的调整，直接扩大耕地休耕的横截面与纵截面。供给型政策工具是保证耕地休耕高效、可持续发展的基础支撑，反映的是对耕地休耕的推动作用，具体可以分为资金投入、人才培养、科技支持、基础设施建设、公共服务五个方面（见表 3-6）。

表 3-6　耕地休耕的供给型政策工具

类型	名称	基本内涵
供给型政策工具	资金投入	政府直接对耕地轮作休耕的实施主体和参与者给予财政支持，如设立专项资金、提供轮作休耕技术研发或良种培育经费、给予财政补贴等
	人才培养	政府有关职能部门建立全局性的新型职业农民和相应科学技术人才的发展规划，积极完善耕地轮作休耕技能人才的培养机制及教育体系等
	科技支持	政府部门通过建立耕地轮作休耕案例库、技术资料库等为轮作休耕的发展提供科技信息与支持
	基础设施建设	注重耕地轮作休耕区域农田水利基础设施的维护与改进，同时加快建立轮作休耕的相关标准及评估体系等
	公共服务	政府提供耕地轮作休耕区域农村劳动力转移、未参与轮作休耕地块生产技术使用等方面的服务，以保障轮作休耕的有序开展

需求型政策工具的主要出发点是通过刺激需求的方式减少外部因素对耕地休耕的负面干扰与影响，具体是指政府通过相关措施扶持、培育与耕地休耕相关的服务项目或市场，以拉动耕地休耕的发展，且其所产生的拉动作用往往比环境型政策工具更有效、更直接。具体可以分为服务外包、政府采购和海外交流三个方面(见表 3-7)。

表 3-7　耕地休耕的需求型政策工具

类型	名称	基本内涵
需求型政策工具	服务外包	耕地休耕项目主管部门或执行部门将耕地休耕生产技术研发、良种培育及休耕地管护等委托给科研院所、高校、新型农业经营主体、企业或其他社会组织等
	政府采购	政府依据相关法律、政策规定及休耕实际需求，制定出耕地休耕相关产品或服务采购目录，并利用财政性资金进行购买
	海外交流	一方面，政府对涉农企业在海外进行生产经营行为或建立研发机构等组织的行为给予直接或间接的支持，另一方面，与典型国家和地区开展多种形式的耕地休耕经验的学习与交流

(2) Y维度

政策工具能够较为全面地反映出耕地休耕政策发挥效应时所采用的各种手段，但是无法清晰地表现出政策目的，同一种政策工具可能承载着多种政策功能，从而推动耕地休耕政策的阶段性进步与整体性发展。比如金融服务政策工具不仅可以为耕地休耕政策的施行提供金融基础与保障，而且能够在一定程度上减轻耕地休耕主体的资金负担。为全方位、多层次认识耕地休耕政策，除了考虑政策工具如何促进耕地休耕及保护利用外，还需要考虑政策工具本身所作用的领域，即耕地休耕自身的特征与系统变化特征。

安德森（Anderson）等学者提出的"服务链理论"[①]，将耕地休耕政策看成中央政府向社会公众提供生态公共物品的过程，构建耕地休耕政策分析的Y维度，具体包括资源捐赠、资源递送、服务提供和服务监管四个方面的内容，其中，资源捐赠是中央政府委托地方政府进行生态物品供给的过程；资源递送是地方政府落实中央政策，制定具体的耕地休耕计划及制度设计的过程；服务提供是地方政府进行耕地休耕项目布局、农业种植结构调整实践的阶段，并根据休耕的现实状况调整相应的土地管理政策及利用策略，确定休耕地的管护办法等；服务监管是政府职能部门、社会组织与公众等对耕地休耕活动进行监督，以保证耕地休耕的可持续发展及耕地资源的合理利用。

---

① ANDERSON E G. Morrice D J. A simulation model to study the dynamics in a service-oriented supply chain [C]. Conference on Winter Simulation: Simulation-a Bridge to the Future, 1999, 1 (4): 742-748.

(3) 二维框架构建

基于上文的分析，构建出如图 3-5 所示的二维分析框架。

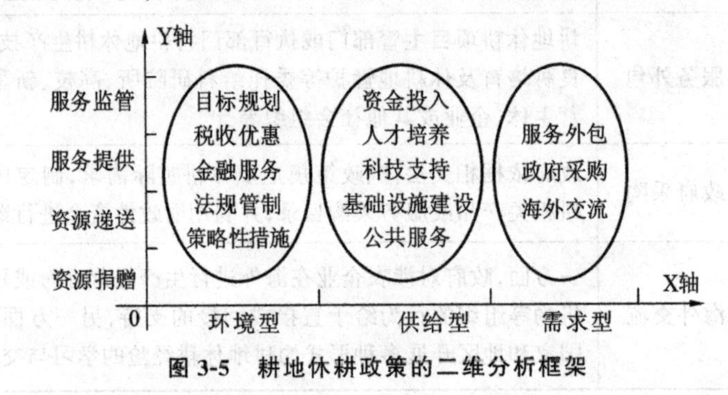

图 3-5　耕地休耕政策的二维分析框架

3.4.2　分析方法与样本选择

(1) 内容分析法

内容分析法始于美国学者拉斯韦尔等在第二次世界大战期间组织的一项战时通讯研究工作，是将那些用语言、文本表示的信息内容或文献转化成用统计学语言描述的资料，以此来识别目标文本中的关键信息与主要特征①。内容分析法是一种对信息内容进行客观、系统描述的量化分析方法，具有一定的中立性，能够有效克服定性分析方法所产生的不确定性和主观性等弊端，更深层次地揭示出目标问题或信息内容的特征。

内容分析法支持不同规模的文本分析，一般由"研究问题""内容"和"分析建构"三个部分组成，主要包括以下六个步骤："研究问题确定""样本选择""分析单元确定""数据类别确定并编码""编码信度检验"和"数据分析"。通过内容分析法可以从繁杂的历史数据源中梳理、提取出新的内容与观点，有助于了解真实的信息内容，也可以进行可复制性的推论，目前该方法已经广泛应用在土地管理政策①、产业发展政策②、社会政策③等公共政策演进的研究中。

① 吕晓，牛善栋，黄贤金，等. 基于内容分析法的中国节约集约用地政策演进分析［J］. 中国土地科学，2015，29 (9)：11-18，26.

② 张镧. 基于文本分析法的湖北省高新技术产业政策演进脉络研究［J］. 科技进步与对策，2013，30 (17)：113-117.

③ 宁甜甜，张再生. 基于政策工具视角的我国人才政策分析［J］. 中国行政管理，2014，4：82-86.

(2) 样本选择与内容编码

耕地休耕目前在我国尚处于试点推行阶段，各种政策规范与制度安排等都有待进一步发展与完善。就现实情况来看，由中华人民共和国原农业部、原国土资源部、国家发展改革委员会等部门联合发布的《探索实行耕地轮作休耕制度试点方案》(下称《方案》)、《耕地草原河湖休养生息规划》(2016 年—2030 年) 是有关耕地休耕政策较具代表性的政策规定，但是考虑到《耕地草原河湖休养生息规划》中除了对耕地休养生息的政策安排外，还有大量关于草原生态保护与恢复、河湖生态系统保护与修复的规定。本书将选取《方案》作为分析样本，首先将《方案》文本中的政策工具内容进行编码，以定义分析单元；其次，将符合分析单元的政策编码纳入政策工具分析框架中进行统计；最后对我国耕地休耕政策工具的特点进行量化统计与分析。具体而言，本书分别以上文 X、Y 维度中所提到的指标为分析单元，根据不可细分原则，经过多次与导师交流及向本系老师征询意见，按照“章节-条款”进行编码，最终形成了如表 3-8所示的编码表。

表 3-8　《方案》政策文本内容分析单元编码一览表[①]

政策名称	政策项目	内容分析单元	编码
一、总体要求	(一)指导思想	全面贯彻……重要讲话精神……促进……永续利用	1-1
	(二)基本原则	坚守……口粮绝对安全	1-2-1-1
		对休耕地……确保……产得出、供得上	1-2-1-2
		鼓励……增收渠道	1-2-2-1
		强化……不影响农民收入	1-2-2-2
		突出……统筹协调推进	1-2-3
		我国生态类型多样……不搞“一刀切”	1-2-4-1
		鼓励……确保……可持续	1-2-4-2
	(三)主要目标	力争用……探索……的互动关系	1-3-1
		在河北省……在湖南省……在西南石漠化区……在西北……连年休耕 2 万亩	1-3-2
		根据农业……适时……规模	1-3-3

① 《方案》具体内容详见中华人民共和国原农业部《关于印发探索实行耕地轮作休耕制度试点方案的通知》(农农发〔2016〕6 号)：http://www.moa.gov.cn/zwllm/tzgg/tz/201606/t20160629_5190955.htm.

续表

政策名称	政策项目	内容分析单元	编码
二、试点区域和技术路径	(一)地下水漏斗区	主要在……地下水漏斗区(沧州、衡水、邢台等地)	2-1-1
		连续多年实施……减少地下水用量	2-1-2
	(二)重金属污染区	主要在湖南省长株潭重金属超标的重度污染区	2-2-1
		在调查评价的……并纳入休耕试点范围	2-2-2
		在建立防护隔离带……严禁种植食用农产品	2-2-3
	(三)生态严重退化地区	主要在西南……(甘肃省)	2-3-1
		调整种植结构……在西南……在西北……,连续休耕3年	2-3-2
三、补助标准和方式	(一)补助标准	与原有的种植……农民收入	3-1-1
		河北省……湖南省……贵州省和云南省……甘肃省……补助800元	3-1-2
	(二)补助方式	中央财政将……兑现到农户	3-2-1
		允许试点地区……以评价结果为……补助发放制度	3-2-2
四、保障措施	(一)加强组织领导	由农业部牵头,……建立耕地……形成工作合力	4-1-1
		试点省份要……制定实施方案	4-1-2
		试点县要……细化具体措施	4-1-3
	(二)落实试点任务	试点省份农业部门……不得……重合	4-2-1
		试点实施单位要……明确相关权利……有序开展	4-2-2
	(三)强化指导服务	各有关部门要……加强试点地区……耕地质量	4-3-1
		农业部门要……把……落到实处	4-3-2
		支持试点地区农民……推动……融合发展	4-3-3

续表

政策名称	政策项目	内容分析单元	编码
	（四）加强督促检查	试点县要……建立档案、精准试点	4-4-1
		试点任务要……监督	4-4-2
		农业部会同……资金落实情况	4-4-3
		利用遥感技术……动态监测	4-4-4
		对未落实……挪用资金的，要……处理	4-4-5
	（五）做好宣传引导	充分利用广播……有关要求，引导……试点工作	4-5-1
		通过现场观摩……的积极成效，营造……氛围	4-5-2
	（六）总结试点经验	试点省份要……年度报告，由省级……抄送农业部	4-6-1
		农业部会同……进行评估	4-6-2
		认真总结……的政策建议	4-6-3

3.4.3 《方案》的政策工具分析

(1) X维度分析

以表3-8的编码归类情况为基础，遵循相同或相近的基本原则，得到《方案》中各种类型的政策工具分布情况如表3-9所示。从表3-9中我们可以清楚地看到，《方案》文本中运用的政策工具主要是环境型和供给型，其中又以环境型政策工具居多，占比高达80%，需求型政策工具则严重缺失。

表3-9　《方案》X维度政策工具分布表

政策工具类型	工具名称	《方案》条文编码	数量	百分比	
环境型	目标规划	1-1；1-2-1-1；1-2-1-2；1-2-2-1；1-2-2-2；1-2-3；1-2-4-1；1-2-4-2；1-3-1；1-3-2；1-3-3	11	27.50％	80.00％
	税收优惠	N/A	0	0	
	金融服务	3-2-1；3-2-2	2	5.00％	
	法规管制	2-1-1；2-2-1；2-2-2；2-3-1；3-1-1；4-1-1；4-1-2；4-1-3；4-2-1；4-2-2；4-4-1；4-4-3；4-4-5；4-6-1	14	35.00％	
	策略性措施	4-4-2；4-4-4；4-5-1；4-5-2；4-6-3	5	12.50％	

续表

政策工具类型	工具名称	《方案》条文编码	数量	百分比	
供给型	资金投入	3-1-2	1	2.50%	20.00%
	人才培养	N/A	0	0	
	科技支持	2-1-2;2-2-3;2-3-2	3	7.50%	
	基础设施建设	4-3-1;4-3-2;4-6-2	3	7.50%	
	公共服务	4-3-3	1	2.50%	
需求型	服务外包	N/A	0	0	0
	政府采购	N/A	0	0	
	海外交流	N/A	0	0	
总计		—	40	100%	

这两者中环境型政策工具占主导地位。耕地休耕政策目前在我国尚处于初步发展阶段，相关配套政策及制度安排等都要在实践中不断完善，在这样的情况下，政府往往倾向于通过环境型政策工具，营造出良好的内、外部环境来推动该项政策的发展。

从表 3-9 可知，环境型政策工具共计 32 条，占比为 80%，在耕地休耕政策运行过程中发挥着重要作用。具体来看，法规管制的占比最高，为 35%，为引导、规范耕地休耕政策实施过程中的利益主体行为选择，出台相应的管制政策显得尤为必要与重要；其次是目标规划，占比为 27.50%，这说明政府也注重对耕地休耕的顶层设计与安排，通过设定不同层面、不同时段耕地休耕政策的目标为其发展指明方向；策略性措施和金融服务的占比分别为 12.50%和 5%，反映出政府为实现耕地休耕政策的可持续发展，从不同角度提出了相应的措施与方法，但是从《方案》来看，很多条款都还有待细化；金融服务是保证耕地休耕政策良性发展的“催化剂”，它除了对耕地休耕的直接财政扶持外，还涉及资金的借贷、担保等，但是现阶段对其地位的重视程度并不高；税收优惠政策在《方案》中呈真空状态，暂时还没有得到体现，也就难以激励相关组织、企事业单位及其他社会资本等对耕地休耕的参与程度。

供给型政策工具相对弱势。供给型政策工具的数量与环境型相比还有很大差距，其占比仅为 20%，而且与环境型政策工具类似，供给型政策工具的内部结构也不大均衡。具体来看，科技支持和基础设施建设是供给型政策工具中最受关注的类型，分别为整个供给型工具的37.5%。其中，科技支持将会对耕地休耕过程中农业生产技术选择与应用、不同约束条件下耕地休耕实施模式选择等提供重要的科技支撑，而基础设施建设则是保障耕地休耕政策高效运行的重要载体。资金投入占整个供给型政策工具的比例均为12.50%，它是政府重视、关注耕地休耕问题最直接的表现和最有效的方式，但是在整个政策体系中占的比重为2.50%，加大资金扶持力度，多渠道、多层次地扩大耕地休耕政策实施过程中的资金来源，将会对该项政策的发展提供重要的物质基础。公共服务政策只有1条，主要涉及农村劳动力转移，对其他方面的关注还不够，事实上，公共服务是推广耕地休耕政策、增强农业生产能力与核心竞争力的重要平台，是耕地休耕政策工具中不容忽视的重要力量。人才培养还没有引起足够的重视，对应的政策工具为0。从现实情况来看，尽管目前有很多新型农业经营主体及社会资本进入到农业生产过程中，但是仍有大量文化层次低、缺乏专业技能、年龄过大的农户从事着耕地生产，因此，在耕地休耕政策过程中，培养一批懂技术、会经营、更年轻的新型职业农民将是提高休耕品质与质量的重要措施。

需求型政策工具严重缺位。需求型政策工具通过服务外包、海外交流等方式能够有效指导我国农业生产和耕地利用，调控休耕省份或县市粮食市场供需，保证粮食市场的稳定、健康发展，其对耕地休耕政策所产生的拉动作用通常比环境型政策工具更直接、更有效。然而，《方案》文本中需求型政策工具出现了断层与缺失，这也为未来耕地休耕政策的调整与完善指明了方向、留下了空间。

总体而言，耕地休耕政策运行的最终状况将会是不同类型政策工具“博弈”“均衡”的结果，各种工具在实践中会持续互动并走向平衡。而且根据已有经验，政策工具是否达到最佳使用状态的一个典型标志就是各类工具的比例是否均衡，当某种类型政策工具的比重超过60%时，就意味着该政策工具使用过溢[①]。通过对《方案》的归类、编码及分析可以看出，现阶段耕地休耕政策工具的使用表现出较为明显的不均衡特征，政府倾向于为耕地休耕政策运行提供良好的发展环境，环境型政策工具过溢，其中又以法规管制和目标规划居多，对其他政策工具的使用较为慎重，特别是需求型政策工具的完全缺位将无法形

① 王园园. 政策工具视角下中国高技术服务业政策研究——《关于加快发展高技术服务业的指导意见》内容分析 [D]. 长春：东北大学，2012.

成有效的拉动力，严重制约耕地休耕政策的发展。需求型政策工具的补充、完善将是未来耕地休耕政策发展的一个重要方向。平衡不同类型政策工具的比重也将是一个重要内容，只有通过多元化、均衡性的政策工具组合，才能使耕地休耕政策表现出充分的科学性、前瞻性及时代性。

(2) Y维度分析

在X维度分析的基础上，加入Y维度的四个指标，形成《方案》的二维分析架构（见图3-6）。

Y \ X	环境型					供给型					需求型		
	目标规划	税收优惠	金融服务	法规管制	策略性措施	资金投入	人才培养	科技支持	基础设施建设	公共服务	服务外包	政府采购	海外交流
服务监管				4-4-1 4-4-3 4-4-5	4-4-2 4-4-4				4-6-2				
服务提供					4-5-1 4-5-2	3-1-2		2-1-2 2-2-3 2-3-2	4-3-1 4-3-2				
资源递送	1-3-2 1-3-3		3-2-1 3-2-2	3-1-1 4-1-2 4-1-3 4-2-1 4-2-2 4-6-1	4-6-3					4-3-3			
资源捐赠	1-1 1-2-1-1 1-2-1-2 1-2-2-1 1-2-2-2 1-2-3 1-2-4-1 1-2-4-2 1-3-1			2-1-1 2-2-1 2-2-2 2-3-1 4-1-1									

图 3-6 《方案》政策工具二维分布图

从图3-6中可以清晰地看出，《方案》对耕地生态物品供应、服务的各个阶段都进行干预，为耕地休耕及农业现代化等提供多方面的规制与激励。继续对各条款的具体分布情况进行汇总统计：“资源捐赠”的政策工具共有14条，主要为环境型，由于耕地资源的准公共物品特性，耕地休耕的生态物品供给需要以中央政府为主导，委托地方政府及相关职能部门代理耕地休养工程监督和管理等，并通过创造良好的发展环境及规范的政策安排引导其他主体有序参与，特别在耕地休耕政策发展初期，这种推行模式非常重要；地方政府在耕地休耕政策的实施过程中不仅要完成中央政府规定的耕地休耕数量指标，即根据国家相关政策规定，确定本地区休耕的耕地面积、具体的地块分布、进行补贴发放等，保证耕地休耕工程或项目的质量，达到耕地地力恢复、生态环境改善、储粮路径创新、农民收入提高等预期目标，还要尽可能实现自身垄断租金最大化，有多重目标与诉求，“资源递送”和“服务提供”的数量与地方政府的特殊角色较为相符。从图 3-6 可以看出，二者的数量分别为 12 条和 8 条，占比分别为 30%和 20%；“服务监管”的比重也达到15%，意味着无论是各级政府，还是相关社会组织与个人，都应该在耕地休耕政策实施过程中发挥出应有的监督职责。

3.5 本章小结

本章首先根据多源流模型的基本原理阐述了“耕地休耕”议题如何引起政府关注，从“问题源流”“政策源流”和“政治源流”对耕地休耕政策议程设置进行多源流分解，剖析了在“多源流汇合”过程中，“政策之窗”的开启过程及内在机理。

在此基础上，探讨了耕地休耕政策工具选择及应用。主要根据罗斯威尔和泽格费尔德提出的供给型、需求型和环境型政策工具理论，运用内容分析法，通过样本选择、内容编码和统计分析等步骤，对《探索实行耕地轮作休耕制度试点方案》的 X 维度和 Y 维度进行分析，发现现有政策工具存在结构性问题，其中环境型政策工具居多，占比高达 80%，需求型政策工具则严重缺失。这也为未来耕地休耕政策的调整与完善指明了方向、留下了空间。

第4章　耕地休耕政策评估的逻辑框架与体系设计

政策评估是对政策形成过程、执行状况进行系统考察后，政策过程的又一重要环节，是决定政策发展方向的重要手段和关键路径，也是本书的核心研究内容，其首要工作就是要根据其基本内涵和研究目标，构建出具体的评估框架，并设计出完整的度量指标体系。

4.1　事实与价值：政策分析的两个基本维度

政策科学的发展繁荣与哲学有着非常重要的联系，美国著名政策研究者麦考尔（Mccall）和韦伯（Weber）就曾指出，"作为'母体科学'"，"哲学对政策科学的贡献比自然科学和社会科学都更富于深刻内涵"①。

4.1.1　西方哲学中的事实维度与价值维度及其关系

在整个西方哲学史上，哲学一直由两个部分组成：第一是世界本性（"是什么"）的学说；第二是最佳生活方式（"应如何"）的学说（即价值学说）。前者指的是自然世界的本来面目（"实然世界"），即"事实"，后者指的是自然世界应该被实现的状况（"应然世界"），即"价值"，它们通常被"不调和地混杂在一起"，未能清楚划分，"是大量混乱想法的一个根源"②。早在古希腊时期，伟

① 那格尔．政策研究百科全书［M］．北京：科学技术文献出版社，1989：163.

② 罗素．西方哲学史：下卷［M］．北京：商务印书馆，1981：395.

大的哲学家柏拉图（Plato）在继承并发展了他的老师苏格拉底的思想后提出了“理念论”，将世界划分为事物世界和理念世界两种（又称可感和可知世界）。其中，事物是具体、多样的经验事物，而理念是对现有事物的超越，高于实然状态下存在的具体事物，是事物所追求的最终目的。柏拉图的事物与理念世界实际上已经包含了事实与价值的思想，是分析二者关系的起源，但是从古希腊哲学到经验论哲学和唯理论哲学[①]的很长一段时间内，事实与价值都处在一体化的体系中，很少有哲学家指出它们之间的区分问题。

(1) 事实与价值的二分

哲学界普遍将英国哲学家休谟（Hume）的“是——应该”问题作为“事实——价值”问题的一个重要折点，自休谟在其经典著作《人性论》(*A Treatise of Human Nature*)[②]中提出“休谟问题”之后，事实与价值的“二分”问题得到哲学家们的广泛关注与探讨。在该书第三卷“道德学”第一章“德与恶总论”中描述“道德的区别不是从理性得来的”时，休谟指出，在他所接触的每一个道德学体系中，人们在进行道德伦理论证时，起初都是按照“平常的推理方式进行”，做实然的陈述，但是他们往往会“突然之间”或者“不知不觉”地转到应然的命题上，这样，命题的连系词就不再是“是”或者“不是”，而是变成了“应该”或“不应该”的命题。这种转变是“一种新的关系或肯定”，“具有重大关系”，因而必须“加以论述或说明”，并列举出具体的理由。同时，休谟提醒大家要“谨慎从事”“留神提防”，因为稍加注意便会“推翻一切通俗的道德学体系”，而且会让我们发现，“恶与德的区别不是仅建立在对象的关系上，也不被理性所察知”[③]。

事实上，休谟本人在“事实与价值的关系”或者“如何从事实判断推导出价值判断”等问题上并没有做太多努力，但是他的这段著名的话客观上已经成为现代西方哲学中“事实与价值分离”的最原始和最重要依据。休谟提出了一个被大多数哲学家忽视的问题，即从“是”中并不能推演出“应该”[④]，而且自

---

① 关于经验论哲学和唯理论哲学，可参考：徐志辉. 略论欧洲哲学史上的经验论和唯理论[J]. 河北师范大学学报（社会科学版），1996，19（1）：40-43.

② 《人性论》写于1732—1736年，1739年后分卷出版，全书共3卷。

③ HUME D. A treatise of human nature [M]. The Floating Press, 2009：715-716；休谟. 人性论 [M]. 关文运，译. 北京：商务印书馆，1980：509-510.

④ 沈朝华. 事实与价值难以二分的原因探究 [J]. 桂海论丛，2010，25（2）：30-33.

休谟之后，不同哲学流派的哲学家都发展了这一观点，并形成了著名的“休谟法则”，即无法从事实判断中推导出价值判断的“事实与价值‘二分法’”，其中以直觉主义、非认识主义（包括情感主义和规定主义）和相对主义最为典型，代表人物分别是英国哲学家摩尔（Moore）、美国元伦理学家史蒂文森（Stevenson）、英国哲学家黑尔（Hare）和英国哲学家波普尔（Popper）等，他们对事实与价值问题区分的不同之处主要在于对价值理解的差异。摩尔从直觉主义立场对自然主义伦理学[①]思想进行批判，客观上使事实与价值的“二分”问题得到了强化，他的著作《伦理学原理》（*Principia Ethica*）也被认为是为当代“事实与价值分离”和道德怀疑主义奠定了基础。然而，摩尔仅仅关注到了事实与价值认知方式的差异，指出价值实际上也是客观的东西，与事实的主要区别在于事实是可以经验的，而价值无法经验化，并没有揭示出二者的实质性差异。随着逻辑实证主义在20世纪初期的兴起，价值情感主义和规定主义成为支持事实与价值分离的主流，它们分别把价值看成是情感的和意动的，而且，与摩尔的客观、认识主义立场完全相反，情感主义者和规定主义者基于主观主义、非认识主义立场分析价值问题，通过否定价值的客观性与实在性、价值判断的客观有效性与真假意义，指出事实与价值以及事实认识与价值认识之间存在根本差异，然而，非认识主义的完全否定价值的客观性也使价值的存在性广受质疑。随着科学方法的不断扩展以及世界各国文化交流的加深，人们发现在不同的地方、不同的时代、不同的文化等约束下，所信奉的价值标准也具有明显差异，而事实却是客观的，并不会受到特定生活方式、文化传统或者是个人信念的影响，二者存在根本的区别。基于对这种现象的理论反思，形成了当代西方哲学界的相对主义理论，以英国哲学家波普的政治自由主义和温奇（Winch）的概念相对主义为代表。然而，假定价值与价值标准都具有主观性和相对性，这就无法解释为何不同文化背景、文化系统或其他条件下，人们也会具有相同的价值观与价值判定标准，因此，相对主义自提出之后，也受到了质疑与指责。总体来看，尽管自休谟之后，不同学派提出的理论都存在一定问题，但是他们都注意到了事实与价值的差异，并试图对这种差异进行系统解释，这

---

① 自然主义伦理学认为，道德之善恶就是事物的自然属性，也就是事物的凭经验加以观察的属性，如快乐、幸福；较进化的行为、兴趣等等都是物理或心理的经验事实。

具有重要意义[①]。

(2) 事实与价值的融合

自20世纪50年代开始，特别是70年代末，西方道德哲学开始了对事实与价值分离的支柱——非认识主义的批判。1979年，普拉茨（Platts）在其《意义的方式》(*Ways of Meaning*) 中，否认事实与价值的区别，他将“道德判断看成是真实的认知”，看成是“对世界的主张”，这些主张“能够像其他事实信念一样被评判为真或假”，“它的真或假像其他任何关于世界的事实主张一样，是人类知识的可能对象”[②]。从中我们可以看出，普拉茨认为道德判断属于价值领域而非事实领域，这与非认知主义“价值是情感或意动的”的观念直接冲突。洛韦邦德（Lovibood）对普拉茨的道德实在论作出了新的解释与发展，1983年，洛韦邦德在其著作《伦理学中的实在论和想象》(*Realism and Imagination in Ethics*) 中指出，价值标准具有社会性和客观性，接受社会的价值标准后才能成为该社会的成员，“除非我们准备承认某种理智权威，否则不能在逻辑上参与客观讨论”，而且指出“事实和价值之间并没有绝对的区别”[③]。

美国哲学家普特南（Putnam）是批判事实与价值二分法思潮中颇有深度和影响的人物。1981年，他在《理性、真理与历史》(*Reason, Truth and History*)[④] 的著述中就开始了对“二分”的批判工作，但是他的思想与观点集中体现在由他2000年以后的演讲和论文所构成的《事实与价值二分法的崩溃》(*The Collapse of Fact/Value Dichotomy*) 中[⑤]。普特南立足于实用主义转向后的基本立场，从知识论、伦理学和科学哲学的角度揭示了事实与价值二分法背后狭隘的经验主义图景，认为事实与价值的关系并不是一个简单的象牙塔中的理论探讨，“简直可以说是一个生死攸关的问题”，在他看来，无论是事实，还

① 了解详细的事实与价值“二分”情况，可参考：江畅. 现代西方哲学中事实与价值分离的来龙去脉 [J]. 湖北大学学报（哲学社会科学版），1992，1：83-89.

② PLATTS M. Ways of meaning: an introduction to a philosophy of language [M]. London: Routledge & Kegan Paul, 1979: 243.

③ LOVIBOOD S. Realism and imagination in ethics [M]. Minneapolis: University of Minnesota Press, 1983: 65-69.

④ PUTNAM H. Reason, truth and history [M]. New York: Cambridge University Press, 1981；希拉里·普南特. 理性、真理与历史 [M]. 童世骏，李光程，译. 上海：上海译文出版社，1997.

⑤ PUTNAM H. The collapse of fact/value dichotomy [M]. London: Harvard University Press, 2002；希拉里·普南特. 事实与价值二分法的崩溃 [M]. 应奇，译. 北京：东方出版社，2006.

是认知价值、伦理价值，都不是完全客观的，它们之间并没有完全绝对的界限，这也宣告了“事实与价值二分法”的崩溃。然而，普特南主要是在概念和语言分析层面对混杂的伦理概念进行分析，这样将不可避免地遗漏对概念生成过程中实践作用的理解[①]。实用主义的集大成者杜威（Dewey）也是现当代西方哲学家中批判事实与价值分离较具代表性的哲学家，他真正认识到了实践活动在联结事实与价值问题上的基础性作用。在他看来，事实与价值的二分法（杜威称之为“二元论”）将直接导致科学和伦理学的分裂，主张在经验生活中去把握事实与价值，而不是局限于概念层面[②]。然而，杜威所界定的实践活动太过宽泛，几乎将一切活动都定义为实践，未能完全把握实践活动所具备的能动性和客观性特征[③]。

事实上，在马克思主义经典作家的笔下，也对事实与价值的关系进行了比较系统、科学的探讨[④]。在1845年完成的《关于费尔巴哈的提纲》（*Theses On Feuerbach*）中，马克思就指出，除了要“从客体的或者直观的形式去理解”事实外，还要“把它们当作感性的人的活动”，“当作实践去理解”，我们要了解“现实的、感性的活动本身”，而避免“抽象地发展”主体“能动的方面”[⑤]。在1879年下半年至1880年11月在伦敦写就的《评阿·瓦格纳的“政治经济学教科书”》中，马克思指出，“‘价值’这个普遍的概念是从人们对待满足他们需要的外界物的关系中产生的”[⑥]，而实践正是“对待”这一“关系”的主要方式，必须通过直接的实践活动去积极构建关系或者改变它，才能真正满足人们的需要。在实践唯物主义的指导下，马克思对事实与价值的内涵进行了重新解读，指出事实维度与价值维度的根源在于人的存在的二重性（肉体的存在和精神的存在）。并且，马克思在探讨事实与价值的分裂与对立后，进一步地阐释了事实维度与价值维度统一的可能性：一方面，这两个维度在逻辑上是统一的，

---

① 李强. 事实和价值二分法批判——基于马克思实践唯物主义 [D]. 西安：陕西师范大学，2012.

② DUWEY J. Problems of men [M]. New York: Philosophical Library, Inc. 1946. 约翰·杜威. 人的问题 [M]. 傅统先，邱椿，译. 上海：上海人民出版社，1986.

③ 李强. 事实和价值二分法批判——基于马克思实践唯物主义 [D]. 西安：陕西师范大学，2012.

④ 杜汝楫. 马克思主义论事实的认识和价值的认识及其联系 [J]. 学术月刊，1980，10：1-10.

⑤ 马克思，恩格斯. 马克思恩格斯选集（第1卷）[M]. 中央编译局，译. 北京：人民出版社，1995：54.

⑥ 马克思，恩格斯. 马克思恩格斯全集（第19卷）[M]. 中央编译局，译. 北京：人民出版社，1963：406.

是对立基础上的统一；另一方面，这两个维度在人类实践活动的发展过程中，又不断实现历史的、具体的统一[①]。在人的实践活动中，任何对客观事物的事实判断都是以一定的价值为目的，任何一个价值判断都是以特定的事实为支撑，离开了人这一主体和人的实践活动，事实和价值判断都无从谈起[②]。

4.1.2 事实维度、价值维度与政策分析

事实与价值的关系不仅仅是一个复杂的哲学问题，也是政策科学领域和政策分析过程中重要的理论与实践问题[③]。与西方哲学史上事实与价值关系的演进过程类似，在政策科学和政策分析领域，有关事实要素与价值要素的关系也经历了“分离”与“融合”的发展过程，二者产生争议的关键在于是否承认价值的客观性，即价值是否能够利用经验事实进行检验。

20 世纪 40 年代至 80 年代，受到哲学逻辑实证主义和政治行为主义等的影响，政策学家们普遍按照自然科学的研究范式，倡导“价值中立（value-free）”，认为政策分析的重点应该是通过科学方法对事实要素进行描述、解释或者是对事物的未来发展进行预测，而不是对主观价值的探讨。在他们看来，政策分析主要解决“是”的问题，而不是“应该”的问题，对价值要素的分析将会影响整个政策分析过程的科学性，主张严格区分事实要素与价值要素。政策科学的主要奠基人之一拉斯韦尔指出，理性实证主义是政策科学的理论基础，因而在进行政策分析时应该遵循科学的方法论[④]。1945 年，美国行政学家西蒙（Simon）在其著作中指出，任何一项决策都包括“事实”要素和“价值”要素，既有“事实成分”，也包含“伦理成分”，我们不能通过推理过程“从伦理命题中推出事实命题”，也无法“从经验上或者理性地检验伦理命题的正确性”[⑤]。1968 年，“政策分析”的创始人——美国著名政治学家林德布洛姆（Lindblom）

---

① 郭玉苹．马克思哲学中的事实维度和价值维度及其关系——读《1844 年经济学哲学手稿》[D]．济南：山东大学，2009．

② 孙伟平．事实与价值——休谟问题及其解决尝试 [M]．北京：中国社会科学出版社，2000：126-156．

③ 王骚，王达梅．政策分析中事实要素与价值要素关系探析 [J]．天津行政学院学报，2005，7 (2)：31-35．

④ 陈庆云．公共政策分析 [M]．北京：中国经济出版社，1996：70-72．

⑤ 西蒙．管理行为：管理组织决策过程的研究 [J]．杨砾，韩春立，徐立，译．北京：北京经济学院出版社，1988：44-45．

在其著作《决策过程》(*The Policy-Making Process*) 中描述"不能证实的价值观"时，认为"当代社会科学对事实与价值作了明确的区分"，政策分析"无法证明任何人的价值观"，也不能"命令人统一他们的价值观"[①]。20 世纪 70 年代中后期出版的一批极具影响力的政策分析书籍，如斯托基 (Stokey) 和扎克豪斯 (Zeckhauser) 合著的《政策分析入门》(*A Primer for Policy Analysis*) (1975)、安德森 (Aderson) 的《公共政策制定》(*Public Policymaking: An Introduction*) (1975)、戴伊的《理解公共政策》(1978) 和韦达夫斯基 (Wildavsky) 的《向权力讲真理：政策分析的艺术和技巧》(*Speaking Truth to Power: The Art and Craft of Policy Analysis*) (1979) 等，都指出政策分析的目标应该是利用科学方法解释、预测事实，探寻政策背后的因果关系，而不是对政策已经确立的价值规范进行判断[②]。

从 20 世纪 80 年代开始，传统政策科学的根基——逻辑实证主义广受质疑与批判，政策学家们也逐渐开始鄙弃政策分析过程中"事实与价值二分"的思维方式，认为政策分析应该是事实要素和价值要素的统一。美国著名公共政策学家邓恩在 80 年代初期发表的《政策分析中的价值、伦理观和标准》(*Values, Ethics, and Standards of Policy Analysis*) 一文中，呼吁在政策分析过程中加入对价值要素内容的研讨，并且对价值理论的性质、类型等进行了系统介绍，分析了价值的基本标准及主要的研究方法[③]；在《公共政策分析导论》(*Public Policy Analysis: An Introduction*) 中，邓恩更是明确指出价值要素是政策分析过程中的重要一环[④]。美国学者克朗在《系统分析与政策科学》(*Systems Analysis and Policy Sciences: Theory and Practice*) 中指出，政策分析的方法论包括行为研究、价值研究和规范研究三个基本范畴，其中，价值研究主要回答"喜好什么"的问题[⑤]。以色列公共政策学者德罗尔 (Dror) 和意大利学者玛哲尼 (Majone) 都主张在政策制定或民主决策时，应该重视对价值命题的研究，

---

① 林德布洛姆. 决策过程 [M]. 杨砾，竺乾威，胡君芳，译. 上海：上海译文出版社，1988：24.

② 陈振明. 政策科学——公共政策分析导论 [M]. 北京：中国人民大学出版社，2004：581.

③ DUNN W N. Values, ethics and standards in policy analysis [M]. Lexington Books, 1983.

④ DUNN W N. Public policy analysis: An introduction [M]. Englewood Cliffs, New Jersey: Prentice-Hall Inc, 1994.

⑤ 克朗. 系统分析与政策科学 [M]. 陈东威，译. 北京：商务印书馆，1987：47.

认为事实与价值总是复杂地交织在一起[①]。也是从20世纪80年代开始，西方的政策科学理论与方法开始引入中国，我国的政策科学研究也得到了较为迅速的发展。在处理政策分析过程中的事实与价值要素关系时，我国的政策学家，如陈振明、张国庆、陈庆云等，大多沿用西方政策学界第二个发展阶段的观点，即主张政策分析应该是事实要素与价值要素的统一。

4.2 耕地休耕政策评估：以目标为联结的事实与价值的结合

政策分析中事实维度和价值维度的关系探讨直接影响到政策评估范式，而政策评估范式的选择又突出反映在政策评估标准上[②]。

4.2.1 从“价值中立”到“价值涉入”的政策评估范式演变

现代意义上的政策评估从一开始就存在着两种范式的分歧，即政策评估的性质究竟是一种技术分析还是一种价值判断。在很长一段时间内，主流的政策评估研究者由于受到逻辑实证主义的影响，主要从技术评估范式进行政策评估研究，反对将价值分析作为政策评估标准的组成部分，主张政策评估应该聚焦在对政策效果进行实证测量上，而不是“批判”。在他们看来，要实现科学、有效的政策评估，就应该将事实与价值明确区分。这些早期的政策评估研究者指出，任何政策评估基本都可以根据投入——产出模型，以“3E+1A”[③] 的标准来进行评判，而那些造成政策成败的原因，则不属于他们的研究范畴。然而，普雷斯曼（Pressman）和威尔达夫斯基（Widavsky）在他们合著的《执行》(*Implementation*）中指出，政策执行过程也会对政策效果产生很重要的影响，它能够有效揭示出一项政策的具体作用机理，如果不对执行过程进行科学评估，就无法从根本上对政策所产生的效果进行科学解释[④]。美国学者萨茨曼1967年就在其著作中首次将政策效果评估标准和执行过程评估标准结合起来，形成了

---

① 王骚，王达梅. 政策分析中事实要素与价值要素关系探析 [J]. 天津行政学院学报，2005，7(2)：31-35.

② 政策评估标准是指相关主体在进行政策评估时应该遵循和坚持的尺度。(曾纪茂，周晶. 公共政策导论 [M]. 成都：四川人民出版社，2001：172.)

③ 具体指政策的效果、效率、效能和充分性。

④ PRESSMAN J L, WIDAVSKY A. Implementation [M]. Berkeley: University of California Press, 1984.

工作量、效果、效果的充分性、效率和执行过程五个标准[①]。但是此时的政策评估过于依赖量化分析，对政策本身价值和伦理的重视并不够。荷兰学者伯恩斯（Bovens）[②]和以色列学者纳克麦斯（Nachmias）[③]等将这种基于“事实与价值分离”的政策评估范式称为“理性主义的政策评估”。这种理性化的评估模式将人的价值判断剔除在政策评估范畴之外，主张用完全技术化、实验化的方法或手段分析政府的决策行为[④]。

从20世纪70年代开始，政策评估逐渐成为西方国家特别是美国社会科学研究中最具发展活力和潜力的领域[⑤]。然而，由于以“3E＋1A”为特征的技术评估范式逐渐在现实社会中表现出极大的不适应性[⑥]，一些政策研究者开始对这种范式所对应的评估标准提出了质疑。他们认为“完整而周延”的政策评估除了对政策效果、效能或过程的评估外，还应该包括对政策目标的合理性、公正性等进行评估[⑦]。白瑞（Bary）和雷伊（Rae）基于政治学视角，提出了“政治评估”思想，认为除了关注政策的效果、效率外，还应该重视政策评估的规范分析及价值判断，否则容易迷失政治方向，他们极力提倡加大政治原则在政策评估中的分量[⑧]。豪斯（House）也指出，政策评估的主要目的在于实现“资源与利益的再分配”，评估不应该只具有“真实性”，还应该是正义的，“正义本身也应该是政策评估考虑的一个重要标准”[⑨]。美国学者鲍斯特（Poister）在其代表作《公共项目分析：研究方法应用》(*Public Program Analysis: Applied*

---

① SUCHMAN E A. Evaluation research: Principle and practice in public service and action program [M]. New York: Ressell Sage Foundation, 1967: 61.

② BOVENSETA M. The politics of policy evaluation [M]//Moran M, Rein M, and Goodin (eds.). The Oxford Handbook of Public Policy. Oxford: Oxford University Press, 2006.

③ NACHMIAS D. Public policy evaluation: Approaches and methods [M]. New York: St. Martin's Press, 1979.

④ PUTT A D, SPRINGER J F. Policy research: Concepts, methods and application [M]. New York: Prentice-Hall, 1989: 78-83.

⑤ 牟杰，杨诚虎. 公共政策评估：理论与方法 [M]. 北京：中国社会科学出版社，2006：46.

⑥ 牟杰，杨诚虎. 公共政策评估：理论与方法 [M]. 北京：中国社会科学出版社，2006：205-206.

⑦ 林钟沂. 政策分析的理论与实践 [M]. 台北：瑞兴图书股份有限公司，1994：125.

⑧ BARY B, RAE D W. Political Evaluation [M]//Greenstein F I, Polisy N W, eds. Handbook of political science. Melon Park, California: Anderson Wesley, 1975, Vol. 1, Chap. 5.

⑨ HOUSE H R. Evaluating with validity [M]. Beverly Hills: Sage, 1980: 121.

Research Methods）（1978）中提出了政策评估的七个标准，这套标准与萨茨曼的主要区别在于新增了适当性、公平性和反应度三个反映社会性发展的指标[①]。邓恩的《价值、伦理与政策分析实践》、费希尔（Fischer）和弗瑞斯特（Forester）合著的《政策分析的价值面向》（*Confronting Values in Policy Analysis*：*The Politics of Criteria*）（1987）、内格尔的《政策研究：评估与整合》（*Policy Studies*：*Integration and Evaluation*）（1989）等也是这一时期研究社会政治性评估标准的代表性文献，而且在这些学者的不断努力下，早期"3E+1A"的纯技术标准评估逐渐过渡到内涵更为丰富的政治、价值评估与分析。1981年，邓恩在多元理性的基础上提出了"批判性复合主义"的评估思路，认为任何政策评估都应该遵循这样的逻辑思路：首先根据一定的技术标准从事实维度对政策进行总体评判，然后在此基础上，对政策目标合理性、利益分配公正性及执行过程中的伦理道德等进行价值分析。据此，邓恩提出了政策评估的技术标准（效果、效率、充足性）和社会政治标准（公平性、回应性、适宜性），两个标准相互联系、相互作用，共同构成了完整的政策评估标准体系[②]。费希尔是第一个将批判性复合主义方法论进行系统化的学者，1995年，他在其著作《评估公共政策》（*Evaluating Public Policy*）中创造性地将政策科学中的工具理性维度和价值维度进行了整合，构建出了一个全新的政策评估框架体系：事实与价值结合的回归，将经验主义与规范的、所有能纳入评估的因素有机结合起来，为其他政策分析者提供了实现实证评估与规范评估有机统一的具体路径，事实与价值标准的结合也成为后续国内外研究者的重要参照。

4.2.2 耕地休耕政策评估的基础框架：事实与价值的结合

从上文政策评估范式的发展过程来看，在进行耕地休耕政策评估时，除了要进行事实评估外，也要重视价值判断。系统的耕地休耕政策评估应该包括事实维度和价值维度两个层面的内容，二者缺一不可，共同构成一个相对完整的

---

① POISTER T H. Public program analysis: applied method [M]. Baltimore: University Park Press, 1978: 9.

② 牟杰，杨诚虎. 公共政策评估：理论与方法 [M]. 北京：中国社会科学出版社，2006：208-210.

耕地休耕政策评估框架。其中，事实维度的耕地休耕政策评估内涵实际上非常广泛，它根据政策阶段的不同又可分为事前评估、事中评估和事后评估①，尤其侧重于政策运行后所产生的现实影响；价值维度的耕地休耕政策评估通常包括对政策本身及政策执行所采取的手段、方法等的评估。与其他任何遵循“事实”与“价值”双重评估标准的政策一样，耕地休耕政策评估过程也涉及五个核心的要素，分别是价值、问题、目标、工具和结果②。而且由前文事实与价值关系的演变过程可知，这五个要素会以“目标”为联结点，形成“价值＋问题＋目标”的价值评估路径和“目标＋工具＋结果”的事实评估路径，两条路径相互区别而又紧密联系，图 4-1 反映的就是以目标为联结的耕地休耕政策评估基础框架。

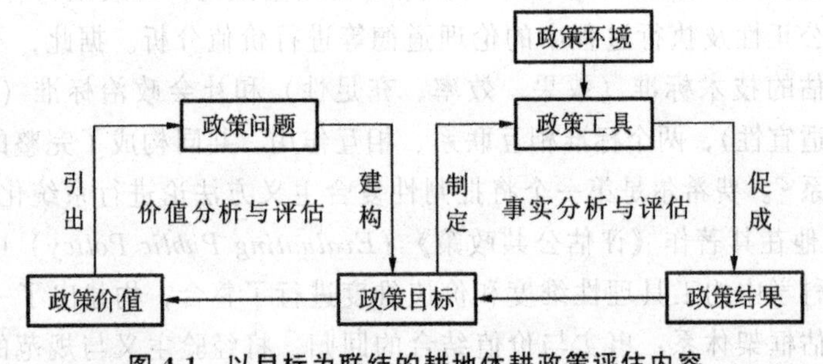

图 4-1　以目标为联结的耕地休耕政策评估内容

常规的政策推演遵循从“价值”到“事实”的逻辑脉络，二者在各个要素的有效作用下形成了一个完整的“政策结果链条”。在“价值＋问题＋目标”的耕地休耕政策评估框架中，出于对生态文明、绿色国土、可持续发展等价值的追求，引发了社会公众对耕地资源质量保护、耕地休耕等问题的探讨与思考，决策主体在对相关问题进行科学评判与筛选后，根据特定程序将耕地休耕问题纳入政策议程并出台相关的政策条文与制度规范，形成诸如耕地保护、粮食安全、社会发展等多元目标体系。在这一评估框架中，价值分析与评估占据主导

① 徐明凯. 高新技术产业政策评估体系及方法研究 [D]. 哈尔滨：哈尔滨理工大学，2006：19-20.

② 陈玉龙. 基于事实与价值的公共政策评估研究——以农村税费改革政策为例 [D]. 杭州：浙江大学，2015.

地位，继而由各级政府在多元目标约束下进行耕地休耕政策的具体实施。在“目标＋工具＋结果”的耕地休耕政策评估框架中，为有序完成耕地休耕政策的预设目标，耕地休耕政策的执行者要充分考虑到外部环境对耕地休耕政策实施可能造成的各种影响，同时结合耕地休耕政策的属性设计出一系列合理、科学的手段与工具，以达到满意的结果。在这一评估框架中，事实分析与评估占据主导地位。这种从“价值”到“事实”的正向推演过程逻辑性强，能够比较完整、清晰地展示出耕地休耕政策的内部要素关系。然而，根据政策的回溯性原则，耕地休耕政策评估也可以遵循从“事实”到“价值”的路径，如果无法从耕地休耕政策的结果中追溯到政策工具或手段，继而从政策或手段追溯出目标，从目标联系到问题再到价值，那耕地休耕政策就没有发挥出应有的效力，是一项失效的政策。也就是说，在进行耕地休耕政策评估时，也可以遵循反向的推演过程，在对耕地休耕政策所形成的客观事实进行科学评估后，再对耕地休耕政策的价值维度进行评判。而且，从“事实”到“价值”与从“价值”到“事实”的评估路径相比，在进行价值维度评估时，加入了对耕地休耕政策所形成的事实要素的思考与评判，形成的结果也将更具科学性。

根据费希尔教授提出的事实与价值结合的全新政策评估思路[①]，进行耕地休耕政策评估时也可以采用“两个顺序＋四种形式”的评估模式（见图4-2）。第一顺序评估对应于通常的事实评估[②]，主要由项目验证与情景确认组成，前者主要是利用相关手段对耕地休耕政策的效率进行分析，侧重于耕地休耕政策目标达成情况的考察，后者的焦点在于耕地休耕政策的目标与发起耕地休耕政策的情景的关系，重点在于对耕地休耕政策要影响的情景背后的认识与设想，特别是耕地休耕政策目标与问题情景的相关性。第二顺序评估转换到了更大的社会系统中，包括社会论证和社会选择评估，强调耕地休耕政策的社会影响和社会价值。其中，社会论证是耕地休耕政策由第一顺序转换到第二顺序的关键环节，其主要任务是要表明耕地休耕政策目标为现实社会提供了价值，社会选择是由社会论证转向了意识形态方面，是耕地休耕政策评估的最后一个推论阶

① 费希尔．公共政策评估［M］．吴爱明，李平，等译．北京：中国人民大学出版社，2003：18-20．

② 吴旭红．我国绩效管理试点政策评价：一个分析框架［J］．甘肃行政学院学报，2012，6：46．

段，重点阐释耕地休耕政策的实施是否有利于解决社会的价值矛盾。无论是哪个顺序层面的评估，都需要根据不同评估形式的内涵将其进一步分解，形成更为具体的操作性指标，并组成一个完整的评估指标体系，然后在此基础上进行更深层次的分析与判断。

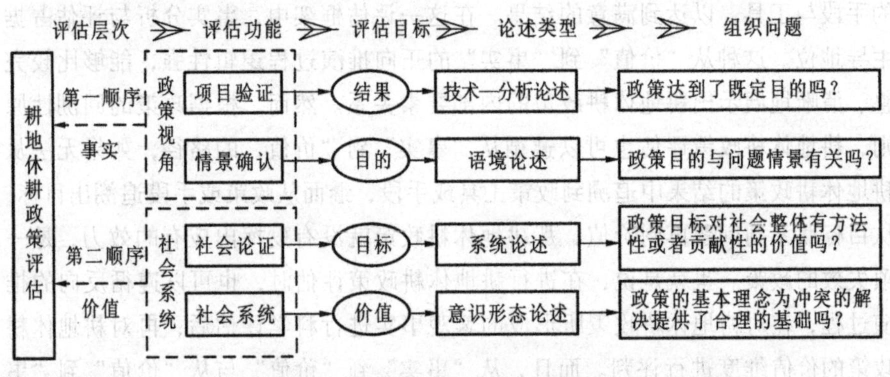

图 4-2　基于费希尔政策分析思路的耕地休耕政策评估框架

4.3　耕地休耕政策评估的指标选取依据与原则

4.3.1　指标选取依据

表 4-1 反映的是国外学者基于不同时代背景与情境所构建的较具代表性的政策评估标准。通过对这些标准的归类整理与比较分析可以发现，尽管学者们对相关标准的表述不一，但大多都可以归结到事实与价值两个层面上。而且，有学者对政策评估进行系统研究后指出，任一政策在评估标准层面的差异并不大，更多的差异体现在具体的操作性指标选取上①。也就是说，耕地休耕政策评估中的“项目验证”“情景确认”“社会论证”和“社会选择”实际上与现有的一些政策评估标准有相通之处，现有的政策评估标准研究及分类是不同维度下耕地休耕政策评估指标构建的重要依据，在具体指标构建时则可以兼顾耕地休耕政策与一般政策的共性及差异性。

① 牟杰，杨诚虎．公共政策评估：理论与方法［M］．北京：中国社会科学出版社，2006：210.

表 4-1　国外有关政策评估事实与价值标准的划分

序号	作者	时间(年)	评估标准			备注
1	狄辛(Diesing)	1962	5 个	技术理性、经济理性	事实	《理性与社会》
				法律理性、社会理性和实质理性	价值	
2	萨茨曼(Suchman)	1967	5 个	投入的工作量、效果、效果的充分性和效率	事实	《评估研究：公共事务与执行程序的理论和实践》
				执行过程	价值	
3	鲍斯特(Poister)	1978	7 个	效能、效率、充分性和执行能力	事实	《公共项目分析：应用方法》
				适当性、公平性和反应度	价值	
4	邓恩(Dunn)	1981	6 个	效能、效率和充分性	事实	《公共政策分析导论》
				公平性、回应性和适宜性	价值	
5	内格尔(Nagel)	1984	3 个	公众参与度、可预见性和程序公正性	价值	《公共政策：目标、手段与方法》
6	帕顿(Patton)和萨维奇(Sawicki)	1986	4 个	技术可行性、经济和财力可行性和政治可行性	事实	《政策分析和规划的初步方法》
				行政可操作性	价值	
7	斯达林(Starling)	1988	6 个	产出、策略、外部性、顺服、方案的介入效果	事实	在《网络安全》杂志上发表的"什么是好政策(What is Good Policy?)"
				公平	价值	

资料来源:作者根据相关资料整理而来。

表 4-2 反映的是国内学者所确定的政策评估标准。由于我国政策评估研究工作起步较晚，政策评估的相关思想及内容在很大程度上都受到国外研究的影响，并没有太多新的突破，但是各标准同样可以纳入事实与价值上。

表 4-2　国内有关政策评估事实与价值标准的划分

序号	作者	时间(年)	评估标准			备注
1	林水波和张世贤	1987	8个	投入工作量、绩效、效率、充足性、执行力	事实	《公共政策》
2	陈庆云	2003		公平性、适当性和社会发展总指标	价值	《公共政策概论》
3	孙光	1988	4个	政策投入、政策效益、政策效率	事实	《政策科学》
4	兰秉洁和刁田丁	1994				《政策学》
5	郑敬高	2005		政策回应程度	价值	《政策科学》
6	沈承刚	1996	4个	社会生产力标准、社会效果	事实	《政策学》
				工人阶级的根本利益、思想路线	价值	
7	胡宁生	2000	3个	效果标准、效率标准和效应标准	事实	《现代公共政策研究》
8	严强	2002				《公共政策学》
9	宋锦洲	2005				《公共政策:概念,模型与应用》
10	张成福和党秀云	2001	6个	效能、效率、充分	事实	《公共管理学》
				公正、回应性和适当性	价值	
11	谢明	2002	2个	事实标准	事实	《公共政策导论》
12	马海涛	2006		价值标准	价值	《公共政策学》
13	宁骚	2003	3个	事实标准、技术标准	事实	《公共政策学》
				价值标准	价值	
14	娄成武,魏淑艳	2003	7个	政策产出、效果、效率、充分	事实	《公共政策学》
				公平、回应性、适当性	价值	

续表

序号	作者	时间(年)	评估标准			备注
15	陈振明	2003	5个	生产力、效益和效率	事实	《政策科学——公共政策分析导论》
16	徐凌,张继	2004				《公共政策分析》
17	吴立明	2006		公正和政策回应度	价值	《公共政策分析》
18	黄维民，慕怀琴	2013				《公共政策学:理论与实践》
19	张金马	2004	4个	有效性、效率 公平性、可行性	事实 价值	《公共政策分析:概念·过程·方法》
20	孙奎贞	2006	3个	实践标准、生产力标准 三个有利于标准	事实 价值	《政策科学纲要》
21	牟杰，杨诚虎	2006	2个	技术性标准(绩效、资源投入、效率、工作过程)	事实	《政策评估:理论与方法》
22	王骚	2010		社会政治性标准(目标设立的科学性、分配的公平性等)	价值	《公共政策学》

资料来源:根据相关资料整理。

4.3.2 指标选取原则

合理的耕地休耕政策评估指标体系设计与构建必须遵循特定的原则。由美国著名管理学大师德鲁克（Drucker）于1954年提出的SMART原则是目标管理领域的“黄金准则”，各个字母都代表着一个具体的原则，其中，“S”代表“Specific”，表示所选取的指标应该是具体的，而不应该是抽象的、模糊的；“M”代表“Measurable”，意味着所选取的指标应该是可度量的，而不是纯粹的主观描述；“A”代表“Achievable”，要求所选取的指标应该是可完成的，不能过高或太低；“R”代指“Realistic”，要求所选取的指标应该是现实的，而不是凭空虚构或假想的；“T”代表“Time Bound”，要求指标应该考虑时间因素。通过这些原则的层层分解，由此将那些原本模糊的目标进行准确定义。SMART原则的这一特性与政策科学和公共管理领域的研究特征较为契合，因而在这些领域的应用也非常普遍，很多国家的政府部门或组织在进行特定政策评估时都遵循这一设计准则。本书在设计耕地休耕政策的不同层级、不同顺序的评估指标体系设计时也以SMART原则为基础，同时根据耕地休耕政策的发展情况对这些原则进行些许调整，具体如下：

(1) 系统性原则

合理的指标体系应该是根据研究对象的基本特征和研究的主要目的，将一系列具有内在关联的指标进行分类与组合①。耕地休耕政策的形成与运行是一项涉及面广、涉及利益主体众多的复杂系统工程，在政策发展的任一阶段及不同侧面都有着特定的关系网络与作用路径。在进行耕地休耕政策评估指标体系设计时，一方面要在复杂的作用网络中理清耕地休耕政策的基本脉络和关键要点，做到较为全面、系统地反映出耕地休耕政策的主要方面及整个过程。另一方面，耕地休耕政策评估的指标体系并不是各种指标的简单堆积或叠加，而应该是一个层次结构非常清晰的整体。其中，下一层次的指标是上一层次的分解，上一层次的指标是下一层次的综合。这样，这些相互独立的指标就构成了一个有序的二维空间，它们在横向层面能够反映出耕地休耕政策不同侧重点的相互制约关系，在纵向层面则可以反映出不同层级指标之间的逻辑关系。

(2) 科学性原则

在众多反映耕地休耕政策事物维度与价值维度内涵的指标中，实际上很大一部分指标之间都存在相关性，因而耕地休耕政策评估的指标选取及体系设计要以成熟的理论为指导，采用科学手段和方法对拟选用的指标进行比较与筛选，剔除那些关联性较强的指标，简化出一套代表性强、精炼度高的评估体系。同时，所选取的指标应该具有高度的概括性，能够较为客观地反映出耕地休耕政策的实施情况、产生的效果及价值追求等，注重定性与定量方法的综合运用，系统揭示出耕地休耕政策评估的复杂内涵与层次，增强评估过程的科学性与严谨性。

---

① 魏真. 我国公共教育财政政策评估研究［D］. 北京：北京师范大学，2008.

(3) 可操作性原则

耕地休耕政策评估指标体系除了要考虑理论层面的系统性外，还要考虑到实践层面的可操作性。具体来看，首先要保证评估指标基础数据的可获得性。耕地休耕政策目前在我国尚处于初步发展阶段，各种数据资料的存档工作还没有形成规范的管理机制，相关资料的获取渠道、完整性及成本等都是评估指标设计时要考虑的问题。其次是要保证耕地休耕政策评估指标的可量化。现代公共政策分析的一个重要原则是在相关条件许可的时候，尽可能地进行定量分析①，这也是耕地休耕政策评估指标设计时应该考虑的一个重要方面，但是也不能忽视定性方法的运用。也就是说，在进行耕地休耕政策评估指标选取时，要考虑到这些指标是否能够比较便利、有效地进行资料搜集与加工，并且可以在量化的基础上进行阐释。

(4) 有效性原则

由于耕地资源的准公共物品特性及多功能属性，耕地休耕政策除了表现出传统公共政策的社会属性及作用外，还具有一些与其政策发展状况相匹配的独特属性。因而耕地休耕政策评估指标的选取应该以这一政策本身的基础内涵与构成要素为基础，不仅要客观、真实地反映出耕地休耕政策的实际运行情况，同时也要与耕地休耕政策的核心目标及价值追求等保持一致。在统计学中，通常用效度来反映某一特定事物或现象的有效性状况。

(5) 可比性原则

耕地休耕政策评估指标体系设计的可比性原则是指在进行指标选取时，不仅要考虑到评估体系在特定区域的适用性，还要保证其中的绝大多数指标在其他相关区域也具有一定的适应性和可行性，即要保证评估过程可以进行横向或纵向的比较。这就需要在耕地休耕政策评估指标的设计过程中，对拟选取指标的基本内涵、统计口径、适用范围和基础数据来源渠道等进行准确、具体的说明，尽量多选取一些相对性指标而避免选用绝对性指标，特别是要摒弃那些模棱两可、难以确定准确概念的指标。

除此之外，由于耕地休耕政策评估包括事实维度和价值维度两个层面的内容，因而在进行评估指标选取与设计时，还要坚持两个维度指标体系的协调统一原则。

---

① 郭巍青，卢坤建. 现代公共政策分析 [M]. 广州：中山大学出版社，2000：206.

4.4 耕地休耕政策评估的指标体系构建

指标选取原则可以增强指标筛选的便捷性和科学性，但是到底应该选择什么样的指标，才是耕地休耕政策评估过程中的关键问题。

4.4.1 指标体系构建思路

目前理论界在进行某一特定事物或现象的具体观测性指标选取时，主要采用专家咨询法、文献法和指标属性分类法等。其中，通过对已有文献的归类与整理，总结出一些与研究主题相关且应用比较普遍的指标因具有操作简单、科学性强等特点而运用较广。根据 4.1 节和 4.2 节的分析，耕地休耕政策评估工作应该包括事实和价值两个维度的内容，它们分别从不同侧面反映耕地休耕政策的特殊要义与发展情况，而且结合费希尔模型，耕地休耕政策评估可继续分解为“项目验证”“情景分析”“社会论证”和“社会选择”四个方面的内容。

本书将主要以上文的指标选取原则为基础，参照现有的有关某一政策事实维度、价值维度评估的成果，并根据“项目验证”“情景分析”“社会论证”和“社会选择”的基本内涵，把耕地休耕政策评估细化到一系列可供操作的观测性指标上。同时，在这一过程中，根据层次分析法的层次化思维，把所选取的指标归结到不同层次上，由此形成一个层次分明、结构完整的耕地休耕政策评估体系（见图 4-3）。

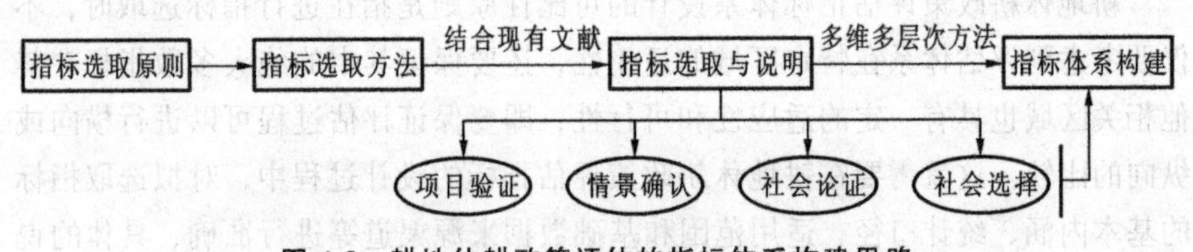

图 4-3 耕地休耕政策评估的指标体系构建思路

(1) 通过现有文献对耕地休耕政策评估的内容进行进一步的分解

参照已有的政策评估成果，总结、梳理出事实和价值维度下应用较为广泛、较具代表性的度量指标，并结合耕地休耕政策的特征与发展状况，综合考虑耕地休耕政策与普通政策的共性及差异性，从“项目验证”“情景分析”“社会论证”和“社会选择”选取代表性指标组成耕地休耕政策评估的指标体系（见图4-4）。

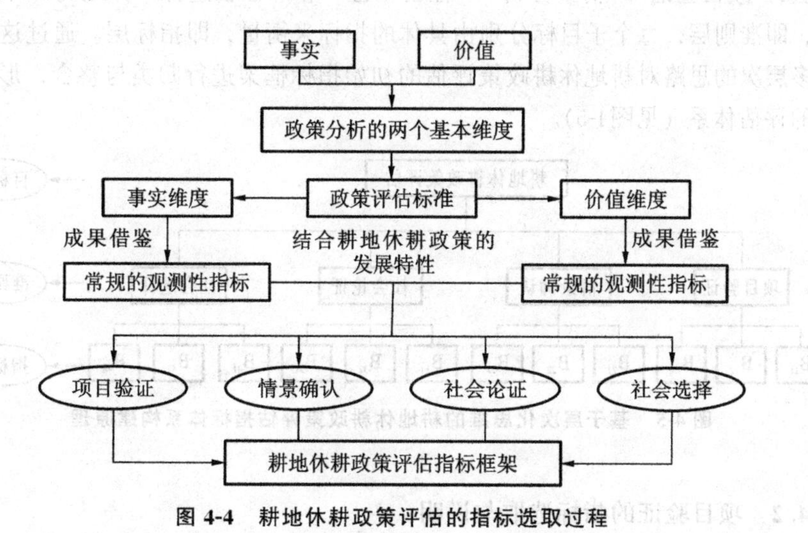

图 4-4　耕地休耕政策评估的指标选取过程

（2）通过层次分析法确定耕地休耕政策评估指标的层级架构

不同顺序耕地休耕政策评估的影响因素众多，若将这些因素一次性纳入评估框架中会影响评估过程的可操作性和整体效果，因而探寻出一种将复杂问题或体系进行简化的方法显得尤为重要。层次分析法（Analytic Hierarchy Process，AHP）由美国著名运筹学家萨蒂（Saaty）教授在第一届国际数学建模会议上提出，是一种对较为模糊、复杂的问题进行系统化、层次化分析的决策方法[①]。这种方法较为全面地反映出了系统综合与系统分析的思想，其首要步骤就是在对复杂问题的本质及内在关联等进行深入探讨的基础上，根据问题的属性及问题不同侧面的特征，按照某种方式或规则进行指标分组，把问题分解为一个有序的、多层次的结构模型，利用较少的信息反映出复杂的决策过程，进而为那些具有多重目标或无结构特性的复杂问题提供较为简便的决策思路。层次分析法通常将研究对象分解为目标层、准则层和指标层三个层次，其中，目标层又称最高层，是待解决问题的预期目标；准则层又称中间层，是实现预期目标所涉及的一系列中间环节；指标层则包含了各种具体的指标或决策方案。本书将按照层次分析法的层次化思维，将耕地休耕政策评估设为总目标，即目

① SAATY T L. The analytical hierarchy proeess [M]. New York：Macgraw-Hill Inc，1980.

标层，“项目验证”“情景分析”“社会论证”和“社会选择”分别为四个子目标，即准则层，每个子目标分别由具体的指标来衡量，即指标层。通过这种多维多层次的思路对耕地休耕政策评估的初始指标框架进行归类与整合，形成最终的评估体系（见图4-5）。

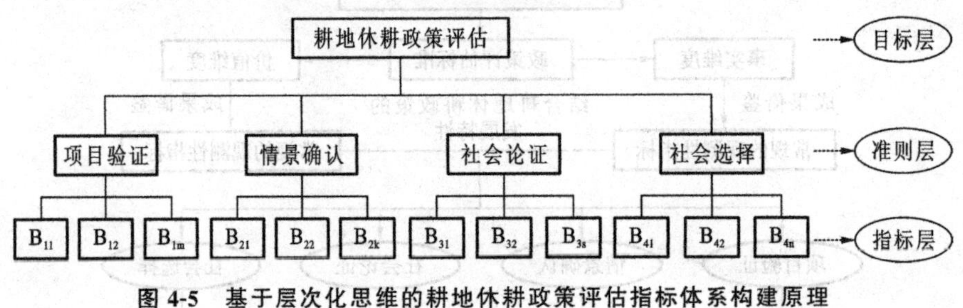

图 4-5 基于层次化思维的耕地休耕政策评估指标体系构建原理

4.4.2 项目验证的指标选取与说明

项目验证是费希尔评估框架中的首要环节。本书将其主要用来检验耕地休耕政策是否完成了既定目标。具体包括两个方面的内容：第一是耕地休耕政策的实施效果，即耕地休耕政策的执行者通过相当规模和一定时期的资源投入后所产生的一系列结果，是耕地休耕政策评估的核心内容；第二是这些效果与预期目标的匹配程度，又称耕地休耕政策效果的充分性[①]。与我国其他诸如退耕还林还草、耕地污染修复、中低产田改造等生态工程一样，耕地休耕政策是改善区域生态质量状况，提升耕地质量和粮食产能的重要手段，同时也是很多地区调整农业生产结构、推动劳动力有序转移等的重要机遇，最终目标是要实现经济发展、生态优化、社会进步等的有效结合。

图 4-6 反映的是耕地休耕政策的多元目标体系。在耕地休耕政策的实施过程中，要注意政策执行过程中的导向性问题，明确耕地休耕政策的主要目标导向，通过对相关信息的研判与分析，评估耕地休耕政策的走向是否客观反映出政策设置时的初衷，若在耕地休耕区域有损坏耕地资源或参与热情不高等问题，耕地休耕政策的执行过程明显偏离预期目标和正常轨道时，政策制定者

① 许冠林. 全面收费背景下研究生奖助政策效果评价研究——以 A 大学为例 [D]. 济南：山东大学，2016.

和政策的具体执行者就要及时采取措施对其进行针对性调整与完善，使其回归到正常的运行路径上。然而，考虑到目前我国很多地区的耕地休耕政策尚处于试点期内，难以将效果与预期目标进行比对，在进行验证时主要关注耕地休耕政策实施后所产生的影响和即时效果。只有对耕地休耕政策的即时效果进行总体把握，掌握耕地休耕政策的基本动态，才能保证耕地休耕政策的顺利、高效实施。

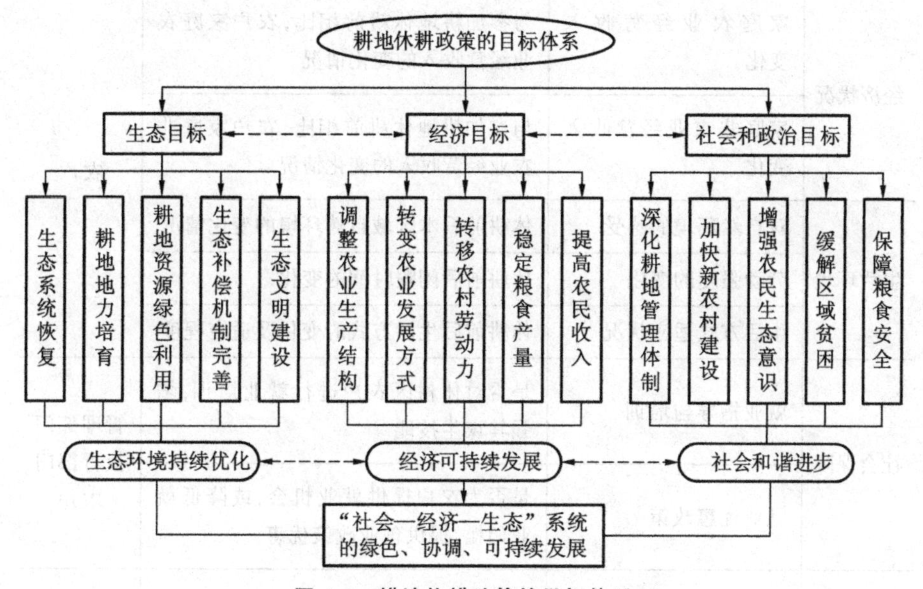

图 4-6　耕地休耕政策的目标体系

从图 4-6 所反映的耕地休耕政策目标体系及已有的生态工程实践来看，耕地休耕除了能够提供地力恢复、空气净化、生态安全等具有公共服务的生态产品外，还能够给休耕者带来钱粮补助、其他就业渠道与收入来源等具有明显私人特征的物品，实际上是公共物品与私人物品组合生产的政策实践。因此，在分析耕地休耕政策的实施效果时，应该从耕地休耕政策实施后所产生的公共生态效应和个体福利变化等多个方面进行考察。但是考虑到耕地休耕工程的生态效应并不会在短期内就体现出来，而是具有较为明显的时滞效应和累积效应，因而本书主要从个体即农户的视角出发，通过耕地休耕过程中农户经济收入和其他一些主观性感受的变化，判断耕地休耕政策的即时效果。根据森的可行能力框架[①]并结合耕地休耕政策实践的特点，选取的主要评估内容包括休耕区域农户的经济状况、生活环境、社会保障和心理状况。各层面的指标选取及内涵说明如表 4-3 所示。

表 4-3　项目验证层面的耕地休耕政策评估指标体系

一级指标	二级指标	内涵说明	评估主体
经济状况	家庭农业经营收入变化	与参加耕地休耕前相比，农户家庭农业经营收入的变化情况	农户
	家庭非农业经营收入变化	与参加耕地休耕前相比，农户家庭非农业经营收入的变化情况	
生活环境	对自然环境的感受	休耕前后本区域自然环境的变化情况	
	劳动强度的变化	休耕前后闲暇时间的变化	
	生活方式适应状况	休耕前后生活方式的变化及适应程度	
社会保障	就业指导与培训	是否对休耕区农户进行就业培训，增强其谋生技能	管理部门 执行部门 农户
	就业优惠政策	是否为农户提供就业机会，或降低就业门槛、提供创业政策优惠	
心理状况	农户话语权实现	在休耕政策实施过程中，是否征询过农户意见以及所提意见的采纳程度	农户
	对休耕补偿的满意度	对补偿标准、形式及发放时间等的满意程度	
	未来农业生产预期	对休耕期满后进行农业种植的收益预期	

说明：评估主体主要指评估资料或数据的来源，下同。

① SEN A. Inequality Reexamined [M]. Cambridge, MA: Harvard University Press, 1992.

(1) 在经济状况层面

家庭经济收入状况能够在一定程度上反映出家庭应对紧急事件的能力，将直接影响到休耕农户及整个家庭的生活质量。耕地休耕政策的实施，意味着休耕区域的农户短期内将失去对原耕种耕地的使用权或经营权，休耕期间的农业生产收入将减少；而且为维持生计，休耕区农户在脱离农业生产后必须寻求其他的收入渠道，进而使家庭的收入结构也发生变化，这是耕地休耕政策影响的一个重要方面。主要度量指标包括家庭的农业经营收入与非农业经营收入变化情况。

(2) 在生活环境层面

良好的生活环境不仅可以支撑人们健康、幸福的生活，还能够起到社会性"预防学"和"预防福利学"的效果①。在耕地休耕政策实施前，休耕区域的自然生态状况往往都遭到了比较严重的破坏，区域内各种自然景观要素的组合水平较差，土地综合质量及产出状况等也较低。耕地休耕政策的实施，通过极具科学性的生态修复技术、方法和农业种植结构调整等，因地制宜地进行脆化或受损耕地生态系统及自然景观系统的恢复工作，可以为休耕区域农户及更大空间尺度内的居民提供更好的自然环境；同时，耕地休耕工作开展后，休耕地由村集体或社会组织统一管理，农户的生活方式将会发生改变，劳动强度、闲暇时间及安排等都将受到影响，也是耕地休耕政策影响的主要方面。主要度量指标包括对自然景观的感受，劳动强度的变化和生产生活的适应状况。

(3) 在社会保障层面

一定规模的可耕种耕地，对于很多农户，特别是缺乏其他非农就业技能的农户而言，除了承载基本的生活保障功能外，还担负着养老保障及其他社会保障功能。有学者曾经以我国东、中、西部1528个调查样本为基础进行分析，认为集体土地对于本集体农民具有六大效用，其中，生活保障功效、就业机会保障功效分列第一位和第三位②。在区域耕地资源地力严重退化的情况下，必须将一定量的耕地资源纳入休耕范畴，在一定时期内禁止或限制耕地资源的高强度利用，势必会对耕地所承载的保障功能产生冲击。这一点主要从是否对休耕区域的农户进行就业指导与培训、是否制定就业优惠政策来衡量。

---

① 早川和男. 居住福利论：居住环境在社会福利和人类幸福中的意义 [M]. 北京：中国建筑工业出版社，2005.

② 王克强，刘红梅. 土地对我国农民究竟意味着什么 [J]. 中国土地，2005 (11)：9-12.

(4) 在心理状况层面

在耕地休耕政策的实施过程中，农户的参与频率及程度是体现农户价值、行使民主权利的重要表现。森的可行能力理论尽管没有将心理满足、快乐程度作为评判涉农公共政策对农户影响的唯一标准，但是也承认其是政策影响的一个重要内容。在耕地休耕政策的实施过程中，农户可以通过参加各种动员会、听证会、意见征询会（座谈会、村民大会、村民代表大会）等，直接或间接参与耕地休耕政策的部分决策，或是陪同技术人员现场踏勘、取样，与技术人员共同进行翻耕、培肥，正式受聘进行休耕地地力培育与管护等，直接参与耕地休耕项目实施与管理。同时，通过一定时间的科学休耕与地力恢复后，受损耕地的生产能力将会得到一定程度的提高，无疑会给农户造成较好的心理预期，对未来农业生产活动将会更有信心。主要从农户话语权实现、对休耕补偿的满意程度以及对未来农业生产的预期来反映对农户心理状况的影响。

4.4.3 情景确认的指标选取与说明

情景确认是耕地休耕政策第一顺序评估框架中又一重要的评估内容。与验证阶段判断耕地休耕政策是否完成政策目标不一样，确认阶段主要是考察耕地休耕政策目标是否适合特定问题的情景，“关注的是在某个评估判断中的政策目标的适当性”[①]。在非严格条件下，耕地资源满足学者们所界定的公共物品分类标准，属于公共物品或公共资源范畴[②]。图 4-7 反映的是公共物品理论视角下耕地资源利用状况的演化轨迹。在耕地资源利用初期，整个社会发展系统处于可持续状态，各类要素交流路径顺畅。然而，随着外界环境的不断变化，耕地资源利用情况也不断发生改变。当耕地资源利用规模和利用

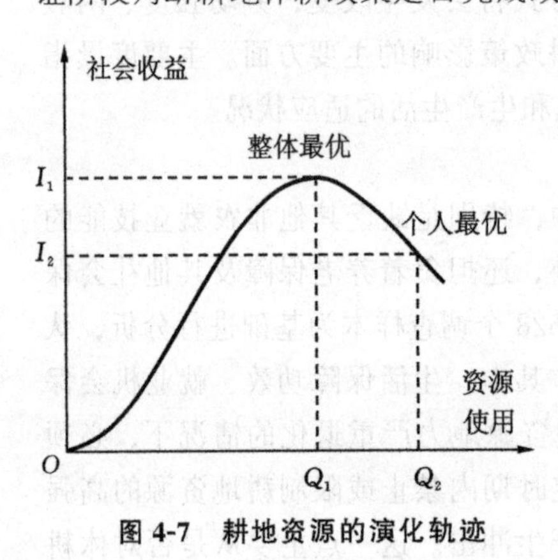

图 4-7 耕地资源的演化轨迹

① 费希尔. 公共政策评估 [M]. 吴爱明，李平，等译. 北京：中国人民大学出版社，2003：73.

② 李边疆，王万茂. 地方政府的博弈行为与耕地保护——一个基于公共物品私人供给模型的分析框架 [J]. 中国软科学，2006，4：39-45.

程度达到其最大承载力时（Q_1），耕地资源利用效益在整体层面达到最大化（I_1），但是在个体层面却没有实现最优（I_2）。此时，如果没有规范、有效的公共引导与管理，将会造成耕地资源的过度利用，破坏耕地生态系统的平衡。

从现实情况来看，耕地资源地力退化主要表现为耕地次生潜育化、次生盐渍化、沙化、养分贫乏化以及水土流失与污染等，总面积约占全球陆地的20%以上①。近年来，我国粮食种植结构调整频繁，粮食产量逐年增加，社会经济发展的物质基础日益巩固。但粮食增产造成的生态环境成本也持续高涨，片面追求高产使得耕地长期高强度、超负荷利用，地力不断下降。而且在国内粮食产量大幅增加的同时，粮食库存接近历史最高水平，财政负担沉重。耕地休耕正是对这种耕地资源利用的负外部性进行矫正的公共政策安排，通过一系列的耕地休耕规范设计可以有效解决各种农业生产结构性矛盾，是进行耕地休养生息，培育耕地地力，实现耕地智慧、生态利用的重要举措。从情景确认层面进行耕地休耕政策评估实际上是判断耕地休耕政策与国家相关法律法规及现实情况的契合程度。在对耕地休耕政策进行评估时，既要考虑到耕地休耕政策形成的时代背景及政策环境，也要考虑到耕地休耕政策本身的科学性及与已有相关政策的协调性等。具体而言，主要包括耕地休耕政策形成的必要性、政策目标的明确性、政策内容的科学性及政策保障的完备性。各层面的指标选取及内涵说明如表4-4所示。

表4-4　情景确认层面的耕地休耕政策评估指标体系

一级指标	二级指标	内涵说明	评估主体
耕地休耕政策形成的必要性	休耕政策形成的法律依据	耕地休耕政策与国家法律、政策和地方法规、政策等的契合程度	管理部门 执行部门 专家学者等
	休耕政策形成的理论依据	耕地休耕政策与土地管理基础理论的契合程度	
	休耕政策形成的现实依据	耕地休耕问题在客观上的严重性及政策实施的迫切性	

① STAVI I, LAL R. Achieving zero net land degradation: Challenges and opportunities [J]. Journal of Arid Environments, 2015, 112 (2): 44-51.

续表

一级指标	二级指标	内涵说明	评估主体
耕地休耕政策目标的合理性	休耕政策目标的明确性	政策目标解释清晰,不让人产生歧义	管理部门 执行部门 专家学者等
	休耕政策目标的具体性	政策目标指向性具体,容易度量	
	休耕政策目标的可行性	耕地休耕政策在政治、经济、技术和人员等方面可行与否	
	休耕政策目标的一致性	目标相互之间能够有效支撑,有机统一	
耕地休耕政策内容的科学性	休耕政策方案制定与论证的充分性	休耕政策方案是否建立在系统的现实调查基础上,是否经过充分论证	
	休耕政策内容的完整性	政策的主客体、政策手段等是否清晰	
	休耕政策与现有相关政策的协调性	与区域其他耕地利用与管理政策的一致程度	
耕地休耕政策保障的完备性	休耕政策的资源投入	资金、技术、人员等关键要素的投入和使用情况	
	休耕政策的监督机制	对耕地休耕政策实施过程中各种信息与问题的实时收集	
	休耕政策的反馈机制	耕地休耕政策反馈渠道是否畅通,政策实施主体的反应速度与纠错能力等	

(1) 耕地休耕政策形成的必要性

“必要性”即社会需要，主要回答“为什么”的问题。任何一项政策的出台，无外乎两种形成路径：首先是严峻的现实状况驱动，即政策是否针对现实中的焦点现象或比较严重的问题；其次是政策本身或相关政策的完善需要。必要性分析是任何政策评估过程中的一个重要内容。耕地休耕政策的产生，兼具这两种路径属性，它既是对新发展常态下所面临的耕地利用、粮食安全等问题的积极响应，也可以看成是我国耕地保护政策的有效延伸。考察耕地休耕政策形成的必要性，主要分析其形成的法律依据、理论依据和现实依据，其中又以现实层面的必要性与紧迫性最为重要。

(2) 耕地休耕政策目标的明确性

任何政策的公布及传递都需要通过相应的工具来表现，而这个工具通常是以书面形式呈现的政策文本。就耕地休耕政策而言，也主要是通过相关的政策文本向社会大众传递其价值追求，如国家层面的《探索实行耕地轮作休耕制度试点方案》，区域层面的《湖南重金属污染耕地治理式休耕试点实施方案》《贵州省耕地休耕制度试点工作实施方案》《河北省耕地季节性休耕制度试点实施方案》《关于推进苏州市耕地轮作休耕的实施意见（试行）》等。在这些文本中，应该清楚地描述出休耕政策的具体目标，而不应该是模糊的、抽象的，否则将影响该政策的价值，也无法对其效果等进行准确、科学的评判。同时，还应该明确即使政策文本中所提出的目标能够实现，目前耕地休耕政策在政治、经济、技术、文化和人员等方面是否可行，耕地休耕政策的施行能够在多大程度上缓解或降低现实问题的严重、严峻程度。基于此，主要考察现阶段耕地休耕政策目标具体内容的明确程度、政策目标的具体性和可行性以及政策目标之间的一致性。

(3) 耕地休耕政策内容的科学性

耕地休耕政策内容的科学性主要有以下两个评判标准：第一是在耕地休耕政策方案的形成过程中，是否经过了充分的调研与论证，即判断耕地休耕政策是否具有可操作性。这将直接决定休耕政策的试点效果及未来的发展状况。与休耕政策目标、性质等较为类似的退耕还林政策，在实施过程中曾出现过超额退耕、提前退耕等现象，很大程度上就是因为地方政府前期的调查和研究等准备工作不充分[①]。第二是耕地休耕政策与区域现有的耕地管理政策、土地利用政策的协调性。从我国现行的耕地利用和管理政策体系来看，同一行政主体或不同行政主体确定的政策，相互之间经常存在“打架”现象。耕地休耕政策作为衍生于耕地保护政策的一个实践创新，在其适用的时空范围内，与其他已有的政策如中低产田改造政策、土地整理政策、基本农田保护政策、耕地污染修复政策等是否存在冲突，区域耕地休耕政策与已有的耕地保护政策实践相比具

① 刘诚. 中国退耕还林政策系统性评估研究 [D]. 北京：北京林业大学，2009.

有哪些可取之处，这些都是判断耕地休耕政策与现行政策协调性的主要方面。只有促进耕地休耕政策与已有耕地保护政策或耕地利用政策等的有效衔接与配套，在它们之间建立完整的交流渠道，才能保障整个政策系统功能的最大化。休耕政策的科学性主要从休耕政策方案制定与论证的充分性、方案具体内容及与相关政策的协调性来衡量。

(4) 耕地休耕政策保障的完备性

耕地休耕政策的工作安排、技术手段等是否符合本区域耕地资源利用或者耕地生态系统的基本状况，能够决定政策内容或方案的科学性、合理性。但是要保证各种政策措施的顺利实施，除了政策内容本身外，还需要建立起一套完整的政策实施保障体系。具体包括组织、资金、技术、人员等的保障程度及各类保障体系之间的协调性，特别是对政策作用对象——休耕地的管控与保障。其完备性主要从耕地休耕政策实施过程过程中的资源投入、政策监督机制与反馈机制来度量。

4.4.4 社会论证的指标选取与说明

社会论证阶段的耕地休耕政策评估从第一顺序的微观、具体情景分析转换到宏观、整体层面的社会系统中，主要任务在于评估耕地休耕政策目标是否与社会的基本发展理念及已有的社会格局相匹配或相容，是否对社会整体有方法性或贡献性的价值，是否会导致具有重大社会后果的问题等。对耕地休耕政策目标进行社会论证就是要检验耕地休耕政策目标对社会系统运行过程中的规范意义及其所产生的后果，特别是是否有助于整个社会系统的价值体现[①]。根据费希尔教授的研究，社会论证首先“包括对目标、价值和社会系统内制度安排行为的界定”，其次还包括“对政策在这些规范过程中的预期影响的经验评估”[②]。耕地休耕政策的实施必然会对整个社会产生一定的影响，但是我们无法直接感知其影响方向或程度，必须通过相应的科学方法将其具体化，特别是耕地休耕政策尚处于试点推行阶段，对其社会价值进行科学评估尤为必要与重要。如果耕地休耕政策对社会相关事业产生积极影响，则可以按照预期进度继续执行下去，但是如果耕地休耕政策对社会产生的影响是负面的、有害的，则需要

---

① 费希尔. 公共政策评估 [M]. 吴爱明，李平，等译. 北京：中国人民大学出版社，2003：118.

② 费希尔. 公共政策评估 [M]. 吴爱明，李平，等译. 北京：中国人民大学出版社，2003：121.

对其关键要素进行调整与修正。也就是说，对耕地休耕政策社会价值的评估，将直接决定耕地休耕政策的执行情况与进度安排。

从理论上来看，耕地休耕是一个具有明显正外部性的系统工程，其外部效应来源于边际私人成本（收益）与边际社会成本（收益）的偏离，单一个休耕地利用行为的成本或收益由其他社会成员承担或分享。图 4-8 反映的是耕地休耕的外部效应逻辑，其中，*MPB* 表示耕地休耕的边际私人收益曲线，包括政府的财政补贴及其短期从农业生产解放后获得的其他收入。*MPC* 表示耕地休耕的边际私人成本，主要是指该耕地继续用于农业生产所获得的农产品收益，即机会成本，同时该曲线也可以表示社会供给曲线。从现实情况来看，目前耕地休耕政策是在耕地损毁特别严重的地区率先试点，随后将不断扩大范围。假定一定区域的农产品市场是封闭的，则随着时间的推移，其他一些质量相对低劣的耕地资源将会不断纳入休耕范畴，休耕面积扩大，农产品价格上升，则耕地休耕的边际私人成本逐渐增加。*MSB* 表示耕地休耕的社会边际收益曲线，即每增加一个单位的休耕地面积所导致的社会总收益变化。根据美国学者舒尔茨（Schultz）的观点[①]，农户作为“理性经济人”，在进行耕地休耕决策时，主要考虑其自身的“成本——收益”状况。从图 4-8 可以看出，当不存在外部性时，在完全市场竞争条件约束下，休耕区农户按照 $MPB=MPC$ 的原则进行耕地休耕，此时，市场达到均衡（点 E）。此时的成本和休耕面积分别为 p_1 和 q_1，即对于农户而言，当休耕面积为 q_1 时，

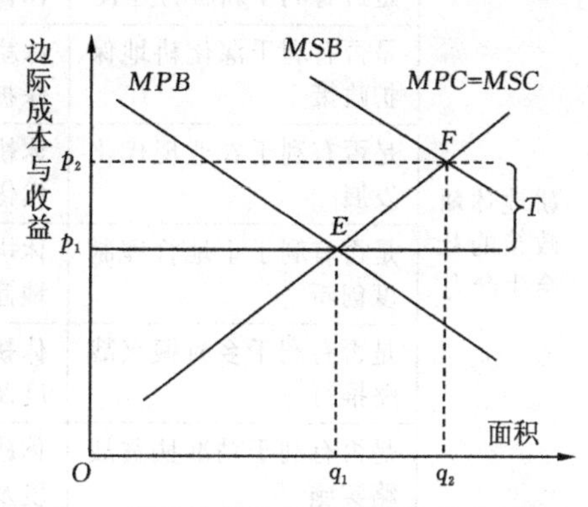

图 4-8　耕地休耕的外部效应及其内部化

可实现自身利益最大化。考虑到外部性时，通过耕地休耕所得到的培育地力、生态保护等边际收益为 *MSB*，均衡点为边际社会收益曲线与边际社会成本曲线（*MSC*）相交于点 F（假定 $MPC=MSC$），此时对应的成本与面积分别为 p_2 和 q_2，即当休耕面积为 q_2 时，全社会耕地休耕将实现最优配置。但是应该看到，点 q_2 所对应的成本 p_2 远高于农户的最优成本 p_1，在这样的情况下，农户耕地

① SCHULTZ T W. Transforming traditional agriculture [M]. London: Yale University Press, 1964.

休耕的积极性会严重受挫。因此，要想达到社会供给水平的最优点 q_2，就需要政府提供额度为 T 的补偿对农户进行激励，将参与耕地休耕农户的成本降低至 p_1 点，这样就能够在不增加农户投入成本的前提下，达到社会整体的最优水平。参照公共政策社会价值的评估逻辑[①]并结合耕地休耕政策的基本情况，本书主要从耕地休耕政策的社会响应和社会生产力两个方面进行耕地休耕政策的社会论证分析（见表 4-5）。

表 4-5　社会论证层面的耕地休耕政策评估指标体系

一级指标	二级指标	内涵说明	评估主体
耕地休耕政策的社会响应	对国家发展战略的响应	与新常态下国家发展战略是否一致	管理部门 执行部门 专家学者等
	对地方政府发展政策的响应	与区域定位及发展策略是否一致	
	对农户需求的响应	是否满足项目区农户的利益需求	
耕地休耕政策的社会生产力	是否有利于新农村建设	休耕政策能否加快新农村建设进程	
	是否有利于深化耕地保护政策	休耕政策能否增强耕地利用主体的保护意识，深化耕地保护的内涵	
	是否有利于农业现代化发展	休耕政策是否能够有效助推农业现代化建设	
	是否有利于土地管理制度创新	休耕政策能否衍生出有现实价值的土地管理问题，深化土地管理制度改革	
	是否有利于乡村振兴战略推行	休耕政策与乡村振兴战略的协调程度及其是否能够助推乡村振兴战略	
	是否有利于精准扶贫战略实施	休耕政策与精准扶贫战略的协调程度及其是否能够助推精准扶贫战略	

（1）耕地休耕政策的社会响应

政策的社会响应是指所制定的政策对社会整体及其他利益群体的需求或偏好的满足程度。耕地休耕政策的形成与实施，同样需要考虑不同利益主体的需求。根据米切尔（Mitchell）等的利益相关者分类标准[②]，耕地休耕过程中的利

① 江秀平. 公共政策价值分析的类型、评价标准和方法 [J]. 中国行政管理，2001，8：33-34.

② MITCHELL R K，AGLE B R，WOOD D J. Toward a theory of stakeholder identification and salience：defining the principle of who and what really counts [J]. Academy of Management Review，1997，22 (4)：853-886.

益主体主要包括：中央政府及相关职能部门；地方政府及当地有关行政主管部门；以盈利或研究为目的的组织与单位，如相关农业服务公司、科研院所等；受影响的村社组织；农户；其他潜在利益相关者等。而根据休耕政策从设计到推广，再到实施过程中主导者的差异，可以将休耕过程中的核心利益主体归结为中央政府、地方政府和农户。其中，国家和社会的需求是耕地智慧利用，实现生态文明建设等，地方政府的需求是耕地资源合理利用与管理，农户的需求则是稳定或高回报的农业生产活动等，并据此将耕地休耕政策的回应性分解为对国家、地方政府和农户需求的回应状况。需要指出的是，由于不同主体的需求会随着时间、空间及其他条件的变化而变化，而且不同地方政府所掌握的资源也存在很大差异，因而很难保证绝对的需求回应。

(2) 耕地休耕政策的社会生产力

对于什么样的政策是有价值的这个问题，我国社会主义改革开放和现代化建设的总设计师邓小平同志已经做过了生动的诠释①，在他看来，判断一个政策的价值有多大，以及政策好坏的一个重要标准，应该是判断其对社会生产力的发展有多大的贡献。耕地休耕政策的实施，除了要完成预设的政策目标，也会对社会的整体发展造成很大影响，耕地休耕政策评估除了关注政策的效果外，也应该在更广义的层面上探讨耕地休耕政策实施及其目标实现是否有利于社会的整体发展。具体而言，耕地休耕政策的社会生产力主要是探讨其是否有利于深化耕地保护政策，是否有利于农村土地制度改革，是否有利于农户个体和整个国家与社会的发展等，包括精准扶贫政策的落实、农业现代化进程的发展及乡村振兴战略的推进等。

4.4.5　社会选择的指标选取与说明

社会选择是费希尔评估框架中最后的一个评估内容，其首要问题就是“社会秩序的基本思想或意识形态，是否为合理、公正地解决互相矛盾或相互冲突的观点提供了基础”②，基本目标是“用理智来替代在生活方式和意识形态选择上出现的随意偏好或者私利”③。根据费希尔教授的研究，意识形态是一个内涵

---

① 杨芳. 公共政策价值谱系及其实现路径 [J]. 中山大学学报 (社会科学版)，2014，54 (2)：167-173.

② 费希尔. 公共政策评估 [M]. 吴爱明，李平，等译. 北京：中国人民大学出版社，2003：162.

③ 费希尔. 公共政策评估 [M]. 吴爱明，李平，等译. 北京：中国人民大学出版社，2003：167.

较为复杂的思想体系，不仅可以看成一种提供社会信仰的世界观，而且是推动社会政策发展的重要力量，对整个社会的发展极为重要。换句话说，社会选择也可以看成是公众希望在什么样的环境或社会中生活。对于目前尚处于试点阶段的耕地休耕政策而言，其社会选择层面的分析主要是判断耕地休耕政策在意识形态层面是否存在偏差，是否公平地解决问题，以及是否具有可推广性。其中，耕地休耕政策是否公平、合理地解决了政策制定时所希望解决的问题，是反映耕地休耕政策可推广性的一个重要方面，在耕地休耕政策实施一段时间后，中央政府、地方政府、集体经济组织、休耕农户、非休耕农户、研究土地问题的专家学者等都会对耕地休耕政策形成一定的认知与判断，如果不同利益主体反映该政策公平、公正地解决了他们所遇到的问题或困难，也在一定程度上表明了该政策的可持续性。同时，不同利益主体在耕地休耕政策实施过程中产生的“焦虑”“主张”和“争议”等能够在一定程度上反映出政策的可推广价值，这也是第四代评估理论中“响应式评估”的重要内容。基于此，本部分主要集中在耕地休耕政策的公平性和可推广性两个方面（见表 4-6）。

表 4-6 社会选择层面的耕地休耕政策评估指标体系

<table>
<tr><th>一级指标</th><th>二级指标</th><th>内涵说明</th><th>评估主体</th></tr>
<tr><td rowspan="4">耕地休耕政策的公平性</td><td>休耕政策制定过程的公平性</td><td>休耕政策的形成与完善是否征询了相关利益主体的意见</td><td rowspan="4">管理部门
执行部门
专家学者
等</td></tr>
<tr><td>休耕政策利益分配的公平性</td><td>休耕政策目标和内容是否照顾到主要利益群体，在各主体间的利益分配是否公平</td></tr>
<tr><td>休耕政策的宣传度</td><td>宣传手段与频率是否充足</td></tr>
<tr><td>休耕政策的透明性</td><td>休耕政策实施过程中资金、人员安排等是否公开、透明</td></tr>
<tr><td rowspan="3">耕地休耕政策的可推广性</td><td>休耕政策目标实现程度</td><td>短期内地力培育、生态恢复等问题的解决程度，中、长期内解决问题的预期</td><td></td></tr>
<tr><td>目标群体对休耕政策的认同度</td><td>休耕政策的目标作用对象对该政策的接受和赞同程度</td><td rowspan="2">管理部门
执行部门
专家学者
农户</td></tr>
<tr><td>目标群体对休耕政策的满意度</td><td>目标群体对耕地休耕政策的满意程度及参与意愿</td></tr>
</table>

(1) 耕地休耕政策的公平性

公平与效率是人类社会发展过程中追求的永恒的主题，公平性是公共政策的本质属性，是政策所体现的平等观。耕地休耕政策的形成过程和各种安排，实际上是在面临着耕地利用、粮食生产等所呈现的严峻形势下，不同的利益主体将自身的利益诉求输入耕地休耕政策的制定系统中，通过一定的政策目标与价值取向，对复杂的利益网络与关系进行调整的过程。为保证耕地休耕政策的公平性，避免出现价值偏差或缺失，应该完善或建立不同利益主体间的利益协调及均衡等机制。通常从过程与结果两个方面来考察政策的公平性，但是由于目前耕地休耕政策处于试点推行阶段，无法系统获知耕地休耕政策的结果，因而主要从耕地休耕政策的形成及实施过程分析其公平性，同时考虑政策实施过程中对各主体的利益分配是否公平等。

(2) 耕地休耕政策的可推广性

判断耕地休耕政策是否具有推广价值的一个重要标准是其是否实现了预期目标，或在多大程度上实现了既定目标。同时，也可以从相关利益主体在政策实施过程中所产生的“焦虑”、“主张”、满意度等进行分析。其中，政策的满意度是指主要利益主体对政策实施过程及效果等的满意情况。任何一项政策，只有在实施后得到社会各界的认可，才会有更广阔的应用空间。如前所言，休耕过程中的利益主体包括与休耕政策实施有利害关系的机构、团体或个人，它们对休耕政策的具体实施进程及实际效果产生促进或阻碍等作用。由于不同主体的利益需求、对休耕政策的预期以及休耕政策实施过程中的福利变化等都存在一定差异，他们对休耕政策的整体判断也会不一样。具体来看，主要是通过对管理部门、专家学者、农村集体组织和农户的访谈与调查来判断各利益主体对耕地休耕政策的顾虑及满意度等。

4.5 本章小结

本章在全文起着承上启下的作用，它是耕地休耕政策议程设置及执行状况分析后的必然阶段，也是后文耕地休耕政策评估方法选择和实证分析的基础支撑。本章首先介绍了西方哲学中事实与价值关系的演变历程，包括“事实与价值的二分”“事实与价值的融合”两个发展阶段。指出事实与价值的关系不仅仅是一个复杂的哲学问题，也是政策科学领域和政策分析过程中重要的理论与实践问题，由此对事实维度、价值维度和政策分析的关系进行了探讨，指出耕地休耕政策评估实际上是以目标为联结的事实与价值的结合。

遵循事实与价值融合的评估思路，将费希尔的“两个顺序＋四种形式”评估框架运用到耕地休耕政策评估中，把耕地休耕政策评估继续分解为项目验证、情景确认、社会论证和社会选择四个方面。其中，项目验证是费希尔评估框架中的首要环节，主要用来检验耕地休耕政策是否完成了既定目标；确认阶段主要是考察耕地休耕政策目标是否适合特定问题的情景；社会论证阶段的主要任务在于评估耕地休耕政策目标是否与社会的基本发展理念及已有的社会格局相匹配或相容，是否对社会整体有方法性或贡献性的价值，是否会导致具有重要社会后果的问题等；社会选择层面的分析主要是判断耕地休耕政策在意识形态层面是否存在偏差，是否公平地解决问题，以及是否具有可推广性。在此基础上，参照美国著名管理学大师德鲁克提出的SMART（系统学、科学性、可操作性、有效性和可比性）原则，利用层次分析法的思路确定耕地休耕政策评估指标的层级架构并进行具体指标的选取，最终形成了耕地休耕政策评估的指标体系。

第5章 耕地休耕政策评估的量化模型构建

量化分析是定性分析的拓展、延伸与升华，“是社会科学研究领域的一种新型的基本研究范式”，它将所分析的问题或现象转化为数据化信息后进行解释与分析，“探求或发现事物及现象的本质”[①]。英国著名科学家贝尔纳（Bernal）在其经典著作《历史上的科学》（*Science in History*）中也曾指出：“只有在成功运用了定量分析方法之后，一门学科才算进入到了成熟的发展阶段。”[②]

5.1 量化分析在耕地休耕政策评估中的必要性和可行性

我国政策科学研究起步较晚，政策评估研究方法相对滞后，但是随着该学科的不断发展与完善，应用量化分析方法进行政策研究日益受到研究者的青睐[③]，越来越多的学者尝试着依托数学公式和实证数据开展政策评估工作，“以理性分析为基础支撑的量化分析已成为我国当代公共政策分析和政策评估的主流范式”[④]。耕地休耕政策本质上属于公共政策范畴，在耕地休耕政策的形成及实施过程中，面临的公共问题众多且都比较复杂，其所追求的生态保护、粮食

① 陆宏. 量化研究的理论、方法与案例 [J]. 现代教育技术，2010，20（4）：20-23.

② 约翰·德斯蒙德·贝尔纳. 历史上的科学 [M]. 伍况甫，彭家礼，译. 北京：科学出版社，1959.

③ 傅广宛，韦彩玲，杨瑜，等. 量化方法在我国公共政策分析中的应用进展研究——以最近六年来的进展为研究对象 [J]. 中国行政管理，2009，4：109-113.

④ 宁骚. 公共政策 [M]. 北京：高等教育出版社，2000：419.

安全等目标实际上是社会公共利益的调整。为了对耕地休耕政策进行科学、有效评估，就应该多吸收、借鉴其他学科的研究方法，特别是量化分析领域的理论与方法，通过跨学科思维开展系统评估。

5.1.1 量化分析在耕地休耕政策评估中的必要性

首先，量化分析有利于增强耕地休耕政策评估过程的客观性和规范性。政策评估一直都是政策分析的一个重要组成部分，但是由于我国耕地休耕政策的特殊性及现实性，现阶段进行耕地休耕政策评估的难度较大。然而，以统计学、运筹学、计量经济学等为支撑的数理分析方法通过严谨的数学思维与逻辑，可以利用多元化手段掌握耕地休耕政策的第一手资料与数据，特别是那些通过定性分析方法无法有效获取的客观基础资料。在经过样本确定、数据搜集、数据处理与分析等一系列量化分析程序后，得到的结果往往比复杂的文字描述更直接、更清晰，特别是目前耕地休耕政策的相关制度规范中，有很多概念化、无法确定绝对度量指标的目标内容，如“探索休耕政策与调节主要农产品供求余缺的互动关系”，如果我们仅仅通过文字阐述，虽能够得出他们之间存在互动关系，但是互动方向与程度如何，不同农产品供求余缺的互动程度存在什么样的差异等等，这些问题我们都无法得知。量化评估方法具有基础数据客观、评估逻辑严谨、评估流程标准等特征，能够最大限度地保证耕地休耕政策评估过程的客观性。

其次，有利于增强耕地休耕政策评估结果的科学性，及时发现、纠正、调整耕地休耕政策制定、执行及结果等与预期目标的偏差。毫无疑问，耕地休耕政策将在土地管理和农村社会事务处理中发挥重要作用。但是，与其他任何一项公共政策或已经实施的耕地保护政策一样，耕地休耕政策的运行环境充斥着太多不确定性，影响耕地休耕政策的因素众多，而且有一些主观性的、与预期目标相关的指标很难直接观测。采用以数字化为核心的量化分析方法，从不同层次、不同阶段对耕地休耕政策进行分解，同时对耕地休耕政策进行全过程动态监测，并进行系统的信息反馈，可以及时、准确地找出耕地休耕政策过程中存在的问题，特别是通过相关量化手段为耕地休耕政策评估的实践提供了大量真实、客观、有效的基础资料与信息，考察耕地休耕政策对农户收入、农村发展和农地利用等产生的影响与政策目标之间的匹配状况，耕地休耕政策的社会价值及其在制度层面存在的优势、弊端等，确定未来调整的方向和完善的基本路径。

除此之外，将量化分析方法应用到耕地休耕政策评估中，不仅可以丰富政策评估的研究案例，而且可以实现耕地休耕政策评估实践的科学化，保证耕地休耕政策方法论的规范化建设。特别是我国耕地休耕政策目前尚处于试点阶段，对耕地休耕政策进行量化评估对于该政策的推广运行具有极大的参考和指导价值。

5.1.2 量化分析在耕地休耕政策评估中的可行性

第一，从我国政策评估的量化分析实践来看，在近 40 年的政策评估研究发展过程中，已经形成了相对较为完整的政策定量评估方法体系，可以为耕地休耕政策的量化评估提供参考与借鉴。随着政策科学研究范畴的不断扩展，政策科学的多学科特征开始显现，研究队伍不断壮大，而且研究者也逐渐认识到了量化分析在政策分析中的重要性，他们结合政策科学的学科特性，借助运筹学、统计学、系统科学、数学等多个学科的理论与方法，逐渐演化出了大量适用于政策分析的技术手段与方法，政策评估中的实证研究和量化分析成果也在逐渐增多，为耕地休耕政策评估提供了方法论支撑。特别是目前理论界围绕与耕地休耕政策形成背景及内涵都较为一致的退耕还林政策、污染耕地修复政策、耕地保护政策等都进行过系统评估，包括对这些政策的价值判断、可持续性以及政策实施后所产生的社会经济影响、生态环境效应等，为耕地休耕政策评估的量化方法选取提供了重要参照。

第二，从耕地休耕政策本身及其所面临的政策环境来看，一方面，耕地休耕政策是现行土地管理政策，特别是耕地保护政策的重要创新，同时也是实现农业产业结构转型升级、推进乡村振兴和生态文明建设的关键抓手，其评估对象极为复杂，耕地休耕政策影响的隐蔽性、长期性，耕地休耕政策效果的系统性等都为量化方法的使用提供了契机。同时，从耕地休耕政策所处的社会环境和政策环境来看，目前我国正处于社会经济全面转型和生态文明建设的关键时期，要系统掌握耕地休耕政策的目标契合程度及社会价值等，满足国家多元化的管理需要，就要在实际中设计出更具体、更具层次性的耕地休耕政策体系，包括耕地休耕政策监管、风险规避、休耕地管护等，量化分析方法吸收了多个学科的要点与精华，为实现体系复杂、内容繁多的耕地休耕政策评估提供了新的视野。

第三，从技术层面，即量化分析方法的发展来看，量化分析在社会科学领域的应用及相关量化分析软件的开发与使用为耕地休耕政策评估提供了便利。一方面，自20世纪以来，量化分析在整个社会科学研究领域的应用就明显增强，为社会科学研究提供了新的视角与分析范式；而且统计学、运筹学等学科的理论与方法也在实践中不断得到完善，在政策制定、政策执行等的量化分析中都形成了相对成熟的分析框架，也为耕地休耕政策评估提供了大量有价值的参考资料。另一方面，在信息化背景下，数据处理及政策量化分析都进入了新的发展时期。首先是耕地休耕政策在制定及实施过程中所涉及的各种信息，特别是数量信息都能够得到很好的保存，从基础数据的录入到整理，很多工作都可以通过计算机完成，大大减轻了耕地休耕政策量化评估的工作量；其次是现有的相关量化处理软件与工具也为耕地休耕政策的量化评估提供了有力的技术支撑。

5.2 耕地休耕政策评估量化方法的比较

经过几十年的发展，目前在政策科学领域已经形成了很多相对成熟的政策评估方法，如何从中筛选出符合耕地休耕政策特征及本书构建的评估框架的方法显得尤为重要。

5.2.1 常用的政策评估量化方法及应用

从已有的研究来看，层次分析法、模糊数学分析法、数据包络分析法、回归分析法、结构方程模型及系统动力学方法等是目前政策评估过程中运用较为广泛的定量分析工具。本书将在简单介绍这些方法的基本原理及应用情况后，阐述耕地休耕政策评估模型的构建思路与过程。

(1) 层次分析法

层次分析法是一种多指标综合评估的定量决策方法，它根据评估对象的性质或评估总目标，将影响评估对象的因素划分为联系紧密且结构清晰的多个层次，通过较少的定量信息，将复杂的决策过程条理化、层次化、模型化和数理化，为解决具有多准则结构或没有结构特性的复杂问题提供了一种简化的分析思路。层次分析法首先根据不同因素或指标之间的相互关系将其归结为不同的层次，由此形成一个多而不杂的多维度分析框架，然后根据对客观现象或事物的主观判断，逐次确定最低层次相对于最高层次的重要性程度，或是相对优劣次序。层次分析法的核心步骤主要包括“构建层次结构分析框架”“构建判断矩阵”“一致性检验”等（见图 5-1）。

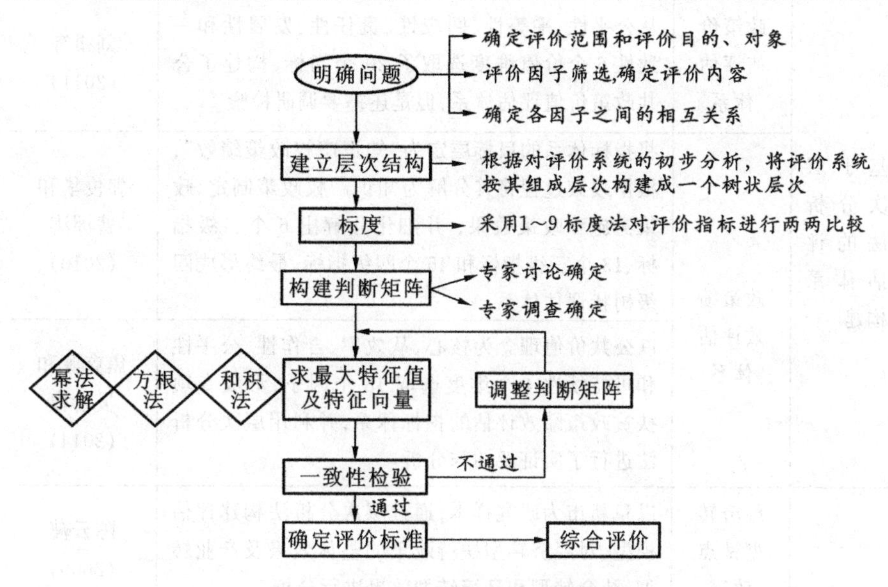

图 5-1　层次分析法的主要评估流程

层次分析法在政策评估领域的应用主要表现在基于层次分析法的政策评估指标体系构建和实证评估上，前者直接表现在对政策价值的评估上，后者主要表现在政策效果、效益或绩效的分析上（见表 5-1）。首先，在政策价值评估上，由于政策价值通常是主观层面对政策的判断，是精神世界的产物，无法直接通过具体的数字或指标进行观测，这就需要通过一些其他可以较为容易获得、可进行具体观测的指标来间接表示。层次分析法的多层次结构特性与政策价值的多维性恰好一致，具有较高的适配性。在政策效果评估方面，任何一项政策通常都包含多个层面的目标，而且有些目标往往难以直接量化或者资料获取难度大，利用层次分析法就能够有效弥补这些不足。通过层次分析法构建的评估指标体系是分析某一政策在不同阶段或不同地区实施效果的基础支撑，同时，它不仅能够对政策的总体效果进行评估，而且还能够对政策在社会、经济等方面的影响进行定量测度。

表 5-1　层次分析法在政策评估方面的应用[①]

研究范式	主题	内容	备注
基于层次分析法的评估体系构建	政策价值评估体系	从公平性、平等性、回应性、责任性、发展性和一致性6个价值维度选取了20个指标，构建了公共政策价值评估体系，但是还需要调研检验	刘祺等(2011)
	政策绩效评估体系	将指标体系的目标层定为“知识产权政策绩效”，根据政策过程将其分解为知识产权政策制定、政策实施和政策效果，并细化分解出6个二级指标、13个三级指标和45个四级指标，最终形成四级树状评估体系	郭俊华和曹洲涛(2010)
		以公共价值理念为核心，从效率、合作性、公平性和可持续性4个维度选取18个因子，形成专项扶贫政策绩效评估的指标体系，并利用层次分析法进行了实证评估与分析	焦克源和吴俞权(2014)
基于层次分析法的政策效果评估	经济转型试点政策	以阜新市为研究样本，通过层次分析法构建评估模型，对经济转型扶持政策的整体效果及产业转型、社会转型和环境转型效果进行分析	陈云萍(2009)
	新型农村社会养老保险政策	从新农保政策运行的经济功能、社会功能、基金管理和经办服务四个方面构建其绩效评估体系，并利用层次分析法和湖北省部分县市进行实证	王翠琴等(2014)
	城乡建设用地增减挂钩政策	从“政策制定—政策实施—政策效果”的政策全过程逻辑构建城乡建设用地增减挂钩政策效果评估框架，并基于成都市的基础数据和层次分析法进行了定量评估	韩冬和韩立达(2015)
	耕地保护政策	基于唐山市10个典型农村356家农户的问卷调查，运用层次分析法分别对“自上而下”和“激励主体”两种不同模式的耕地保护政策执行效果进行对比分析	赵艳霞等(2015)

① 事实上，层次分析法在政策评估中的应用较为广泛，本表主要选取了部分应用案例，特别是与土地管理、耕地利用相关的应用情况，表 5-2 至表 5-6 也是如此。

(2) 模糊数学分析法

模糊数学（Fuzzy Mathematics）是利用数学方法研究、处理和分析模糊现象的科学。1965年，美国加利福尼亚大学扎德（Zadeh）教授在国际学术期刊《信息与控制》（*Information and Control*）上发表论文《模糊集合论》（*Fuzzy Sets*），首次提出“模糊集合”的概念，通过“隶属函数”来描述特定现象或者事物差异的中间过渡，标志着模糊数学的产生[①]。自此，模糊数学作为一门新兴的分支学科开始逐渐发展起来，其基本原理是利用模糊集合来表示模糊概念，并通过详细、系统的运算过程来获得相应的评估结果，为描述和研究错综复杂的模糊性问题提供了科学的分析方法与工具。从20世纪70年代开始，在关肇直先生、薄保明先生等的努力下，我国也开始了对模糊理论的研究，并取得了一些较高水平的研究成果，有效推动了模糊数学在我国的发展与运用[②]。目前，模糊数学分析方法已经广泛运用在我国自然科学和社会科学领域的研究中，常用的方法主要包括模糊综合评价、模糊聚类分析、模糊关系分析、模糊相似优先决策、模糊模式识别、模糊优选方法、模糊预测方法、模糊规划方法、模糊神经网络算法、模糊控制等[③]。很多学者以模糊数学理论为基础，将模糊综合评价与层次分析法相结合，运用模糊数学工具对特定政策进行模糊综合评判。其主要步骤包括：首先，将待评估政策看成由多种因素组成的模糊集合，确定因素集 U 合模糊集 V；其次，结合层次分析法的基本思路确定各个因素的权重 W 以及它们的隶属度向量 R；接着通过模糊变换，形成模糊判断矩阵 R；最后将权重向量集与模糊判断矩阵进行模糊运算，并进行归一化处理，得到综合评判结果集 S。图5-2反映的是基于模糊数学的AHP-模糊综合评价简化流程。

作为客观世界的一种特性，模糊性也折射在公共政策领域，政策环境、政策主体及政策过程的不确定性与复杂性等都会凸显政策分析的模糊性。模糊数学可以将政策评估过程中的不确定性对象进行定量化处理，实现政策主观认知与客观描述相统一。与层次分析法类似，目前模糊数学分析方法也主要应用在政策价值判断和政策效果评估等方面。一方面，不同利益主体、不同时代背景

---

① ZADEH L A. Fuzzy sets [J]. Information and Control, 1965, 8 (3): 338-353.

② 汪培庄. 模糊集合论及其应用 [M]. 上海：上海科学技术出版社，1983：201-224.

③ 李希灿，王静，邵晓梅. 模糊数学方法在中国土地资源评价中的应用进展 [J]. 地理科学进展，2009，28 (3)：409-416.

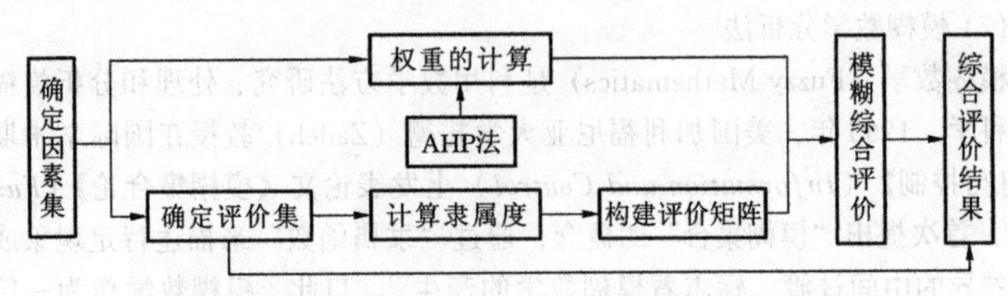

图 5-2　基于模糊数学的 AHP-模糊综合评价基本过程

或不同区域等约束条件下，政策价值的内涵及外延都存在较大差异，表现出边界不清、复杂多变等模糊性特征，甚至在政策是否具有价值上也没有明确的界限划分，而利用模糊数学理论，通过设置各个因素的模糊子集，能够对政策的这种模糊性进行较为合理的描述与分析。另一方面，政策所产生的一系列影响与预期目标的差距是判断政策效果的重要参照，然而从现实情况来看，很多政策的目标多以文本形式呈现，量化指标较少，给评估工作也带来了一些困难，而对那些难以量化对象进行模糊关系表达也正是模糊数学分析方法的最大特色。表 5-2 反映的是模糊数学分析方法在土地管理政策及其他公共政策评估过程中的具体应用情况。

表 5-2　模糊数学分析法在政策评估方面的应用

应用范围	主题	内容	备注
在土地管理政策方面的应用	土地集约利用政策	利用模糊层次分析法对黑龙江省阿城区城市土地利用集约利用状况进行了分析，并提出了优化路径与措施	宋戈等(2005)
	开发区土地利用政策	从土地开发利用状况、社会影响、环境质量三个方面构建了开发区土地可持续利用的评估体系，并利用模糊数学方法对芜湖经济技术开发区土地利用状况进行了实证分析	许素芳和周寅康(2006)
	耕地保护经济补偿政策	以上海市闵行区、江苏省张家港市和四川省成都市的 416 份农户问卷为基础，利用模糊数学方法分析补偿政策实施前后农户耕地保护认知及农业生产积极性的变化，以揭示不同地区耕地保护经济补偿政策的初期效应与差异	余亮亮和蔡银莺(2014)

续表

应用范围	主题	内容	备注
在其他公共政策方面的应用	公共图书馆政策	在相关问卷调查的基础上，构建了公共图书馆的社会价值评估框架，并利用模糊综合评价方法对保定市公共图书馆政策的价值进行了分析	张梅(2011)
	体育产业政策	根据史密斯模型和专家咨询方法确定了体育产业政策执行效力的综合评价体系，并利用模糊层次评价方法对我国体育产业政策进行了实证	易剑东和袁春梅(2013)
	生态补偿政策	以武汉市东西湖区为研究区域，从职能、效益和潜力三个方面选取了39个指标，综合运用层次分析法和模糊数学方法分析了本区域实施农业生态补偿政策的绩效	邓远建等(2015)

(3) 数据包络分析法

数据包络分析（Data Envelopment Analysis，DEA）是美国著名运筹学家查恩斯（Charnes）教授与库伯（Cooper）教授等在法雷尔（Farrell）“相对效率”[①] 概念的基础上，于1978年提出的一个新的效率评价方法[②]，是运筹学、管理科学和数理学等学科的一个新兴交叉领域。数据包络分析把“单一投入、单一产出”的传统效率概念扩展到“多投入、多产出”的逻辑框架中，其基本思路是先将具有“多投入、多产出”的系统设定为决策单元（Decision Making Units，DMU），通过相关数学模型，如线性规划、多目标规划等确定生产前沿面的有效性，并根据每个决策单元与生产前沿面的距离判断评估对象投入与产出的合理性、有效性。CCR模型和BCC模型是两个常用的DEA分析方法。自DEA模型被提出以后，不同国家和领域的研究者很快认识到了其在模型构建和效率评估中的优势，并于20世纪80年代中期引入我国。1988年，魏权龄教授

① FARRELL M J. The measurement of productive efficiency [J]. Journal of the Royal Statistical Society，1957，120 (3)：253-290.

② CHARNES A，COOPER W W，RHODES E. Measuring the efficiency of decision-making units [J]. European Journal of Operational Research，2007，2 (6)：429-444.

编著了国内第一本系统介绍 DEA 方法的著作——《评价相对有效性的 DEA 方法》，有力地推动了 DEA 方法在我国的应用与发展。图 5-3 反映的是利用数据包络分析方法对特定事物进行综合评估时的基本流程，其核心步骤包括“确定评估目标”“样本选取（即确定决策单元）”“构建‘投入—产出’型评估体系”“检验评估指标之间的相关性”“决策单元的相对作用分析”等。

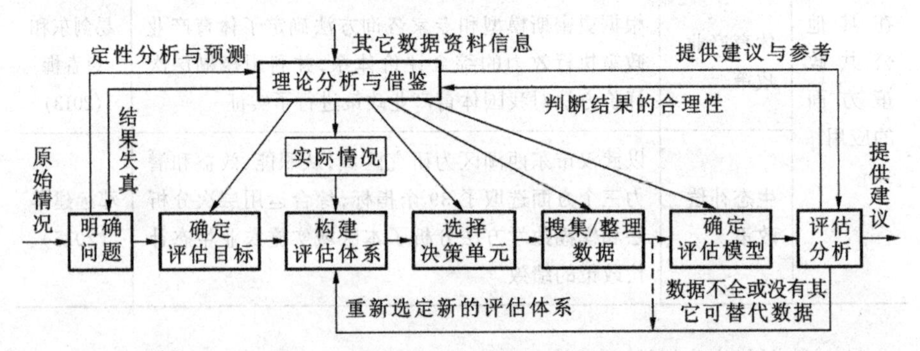

图 5-3　数据包络分析法的基本评估流程

任何一项公共政策的实施，基本上都是为实现一系列目标而进行的各种公共资源的投入和调配过程，本质上也是一个“多投入、多产出”的复杂系统。从现实层面来看，目前数据包络分析在政策效益、效率评估方面应用非常广泛。利用数据包络分析方法进行政策评估，实际上是在考察特定政策运行过程中各类资源的分配和使用情况以及这些资源的投入、利用等是否符合政策规划的基本要求，特定政策的“相对有效性”主要用来评判政策效果或政策影响，即政策目标的实现程度。若在政策投入不变的情况下，政策产出增加，则说明政策效益越好，反之则说明政策效益越差。而且数据包络分析除了能够从投入和产出视角对政策效益进行评估外，还能够揭示出导致政策效益低下的原因，进而为采取针对性的政策完善措施提供参照。事实上，一定规模的资源投入也是实现粮食安全、经济发展、生态保护等耕地休耕政策目标的前提与基础；若是缺少资金、农业科技人才、机构设置、制度体系等的投入，耕地休耕政策的各个预设目标就无从实现。表 5-3 反映的是数据包络分析方法在土地管理政策及其他公共政策评估过程中的具体应用情况。

表 5-3　数据包络分析法在政策评估方面的应用

应用范围	主题	内容	备注
在土地管理政策方面的应用	退耕还林政策	根据丰城市梅林镇、湖塘乡和尚庄镇的农户调查数据，利用 DEA 分析方法探讨了退耕还林政策对农户水土保持效率的影响	翟文侠和黄贤金(2005)
	耕地保护政策	设定单位耕地面积保护人数与资金为投入指标，单位工作人员查处的耕地违法案件数量、人均增加耕地面积和耕地保护率为产出指标，利用 DEA 方法考察了 21 世纪初期我国的耕地保护效率情况	朱红波(2007)
	土地集约利用政策	从减量化、再利用、再循环和再思考四个方面建立高校土地集约利用评价指标体系，并以武汉市 38 所高校为研究样本，综合运用数据包络分析法和 Matlab 软件分析了高校对土地集约利用政策的响应效率	谭术魁和周蔓(2012)
在其他公共政策方面的应用	农业补贴政策	在全面掌握我国农业补贴政策现状后，根据 DEA 方法的基本思想，分别探讨了我国粮食最低收购价政策和粮食直接补贴政策的影响	穆月英和王艺璇(2008)
	高技术产业政策	从投入—产出角度出发，利用数据 DEA 方法分析了广东省高技术产业政策的绩效	宁凌等(2011)
	环境治理政策	把环境污染治理投资总额作为输入变量，从废水、废气和固体废弃物中选取 5 个指标作为输出变量，对我国 2000 年—2012 年环境污染治理投资效率进行了分析	李伟伟(2014)
	水污染防治收费政策	利用 CCR 模型和 BCC 模型评估了滇池流域 2001 年—2012 年水污染防治收费政策实施绩效	张家瑞等(2015)

(4) 回归分析法

回归分析（Regression Analysis）是对两个或者两个以上变量之间的相互关联程度进行处理的统计分析方法。根据回归分析的基本思想，尽管自变量与因变量之间并没有严格的、具体的函数关系，但是可以以自变量和因变量的一组观测值为基础，构建出一个可以将他们之间的统计关系近似地表达出来的函数式，并根据研究者所掌握的基础数据，求解函数的各个参数，据此评判函数式与实测数据的拟合程度，进而进行预测分析，这个函数式又称为回归函数或者回归方程。根据自变量数量的差异，回归方程分为一元回归和多元回归，根据是否是线性又可分为线性回归和非线性回归。在政策的形成和实施过程中，存在着很多相互联系的因素，它们对政策的各个过程特别是政策效果产生影响，一些因素的变化，如资本投入规模调整、休耕区域变动等都会对政策的运行效果产生一定程度的冲击，回归分析法正是探讨这样的问题，特别是当某一因素的变动与某一结果之间并不是简单的因果关系，而是表现出不确定性时，回归分析法的特点与优势尤为明显。

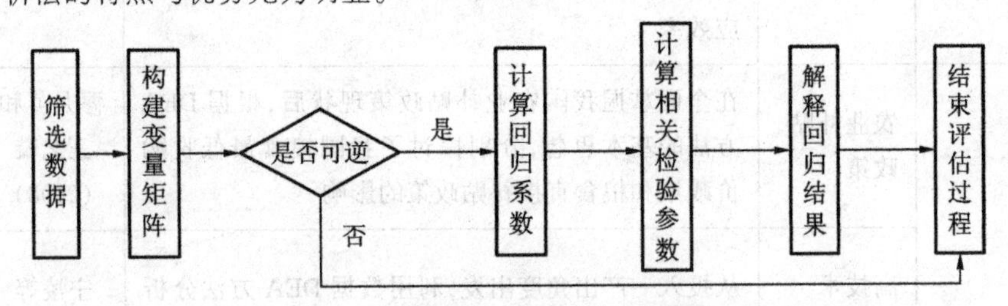

图 5-4　回归分析法的基本评估流程

图 5-4 反映的是利用回归分析法进行政策评估时的主要技术流程。从现实情况来看，目前回归分析法主要应用在对政策影响的分析上。对于任何一项公共政策而言，其所产生的影响都不是单一方面，它们或对社会经济系统产生影响，或对生态环境系统发生作用，同时，这些影响或直接、或间接，而且往往还会表现出一定的时滞效应，是一个较为复杂的作用网络。回归分析法通过对相关变量的系统梳理与描述，在设置相应的解释变量与非解释变量后，利用回归方程探讨解释变量对被解释变量的影响程度。回归分析可以建立多因子的评估体系，不仅能够找出对政策整体效果或单一结果贡献度最大的因素，同时也能够探明驱动程度不明显的因素，有利于政策的调整与完善。表 5-4 反映的是回归分析方法在土地管理政策及其他公共政策评估过程中的具体应用情况。

表 5-4　回归分析法在政策评估方面的应用

应用范围	主题	内容	备注
在土地管理政策方面的应用	耕地保护政策	在对我国耕地保护政策体系进行多元解构后，选取人均粮食产量、经济非农化水平等 9 个指标构建了耕地面积变化的多元回归模型，分析了我国 1984—1999 年耕地保护政策的效果，并且探讨了进一步增强政策运行效果的措施	翟文侠和黄贤金(2003)
	基本农田保护政策	以年内减少耕地面积为因变量，固定资产投资、人均 GDP、路网密度、年初耕地面积、年度虚拟变量和基本农田保护率为自变量，用不同的回归模型分析了基本农田保护政策对耕地流失的影响	钟太洋等(2012)
	城市住房用地供应政策	综合运用时间序列模型、Granger 因果检验和回归分析方法，探讨了上海市住房市场住宅用地供应政策对房价的干预效果	施建刚和谢波(2013)
在其他公共政策方面的应用	新农保政策	以湖北省团风县和宜都市的 605 份有效问卷为基础，借助 SPSS 软件，从农户视角分析了新农保试点政策的效果，包括对农户的客观、主观及综合影响	薛惠元和曹立前(2012)
	集体林权制度改革政策	以广西 12 个城市 20 多个乡镇的 211 份有效问卷为基础，运用 logistic 回归分析方法，从林农的林地投资行为、林农获益及林农收入变化三个方面分析了集体林权制度改革政策的经济效果	奉钦亮等(2012)
	草原生态补偿政策	以内蒙古中部典型草原四子王旗为研究样本，从牧民视角评估了草原生态补偿政策，指出为达到政策目标，应该适当调整标准，结合扶贫和社会保障政策，进行经营体制改革和产业升级	李玉新等(2014)
	全面二孩政策	以广东省 1017 户城市“双非”夫妇再生育意愿数据为基础，构建计量回归模型，评估了全面二孩政策的实施效果	钟晓华(2016)

(5) 结构方程分析法

结构方程模型（Structural Equation Model，SEM）最早起源于20世纪20年代美国著名遗传学者赖特（Wright）提出的路径分析（Path Analysis）[1]，20世纪70年代初，瑞典统计学家、心理学家乔瑞斯克（Jöreskog）和戈德伯格（Goldberger）提出了结构方程模型的核心概念[2]。结构方程模型巧妙地将传统多变量统计分析中“因素分析”与“路径分析”技术相结合，以现实中那些已经存在的因果关系为理论分析基础，通过多元线性方程对该因果关系进行统计分析与阐释，其核心目标是要最大限度地减小研究样本协方差矩阵和模型估计协方差矩阵之间的差异，因此，其又被称为线性结构方程、因果建模或协方差结构分析。结构方程的核心内容可以总结为三个“二”，分别是两类变量（潜变量和显变量）、两个模型（测量模型与结构模型）和两种路径（潜变量与显变量之间以及潜变量之间），关键步骤包括模型设定、模型识别、模型估计、模型评价与修正等（见图5-5）[3]。结构方程模型早期主要应用在心理学领域的研究中，但是由于其在解决复杂因果变量之间的关系时，具有传统统计分析方法无法比拟的优势，因此，经过了几十年的发展，结构方程模型目前已经广泛应用在社会学、经济学、管理学等社会科学领域，成为近年来应用统计学三大进展之一[4]。

结构方程分析方法不仅适用于政策效果与政策价值的评估，同时还可以用来探寻影响政策效果的主要因素。在进行效果评估时，结构方程分析方法具有其他方法无法比拟的优势，可以将政策效果分解为直接效果、间接效果和总体效果并进行分别测度。其关键环节是首先根据相关理论建立分析的逻辑框架，提出假设，然后再通过资料搜集、整理与分析，对提出的假设进行验证与说明。在进行政策价值评估时，可以将政策价值设置为潜变量，利用那些可以获得资

---

① WRIGHT S. The relative importance of heredity and environment in determining the piebald pattern of guinea pigs [J]. Proceedings of the National Academy of Sciences of the United States of America，1920，6 (6)：320-332.

WRIGHT S. Correlation and causation [J]. Journal of Agricultural Research，1921，20 (7)：557-585.

② JÖRESKOG K G，GOLDBERGER A S. Factor analysis by generalized least squares [J]. Psychometrika，1972，37 (3)：243-260.

③ 吴明隆. 结构方程模型——AMOS的操作与应用 [M]. 重庆：重庆大学出版社，2010：1-33.

④ 武文杰，刘志林，张文忠. 基于结构方程模型的北京居住用地价格影响因素评价 [J]. 地理学报，2010，65 (6)：676-684.

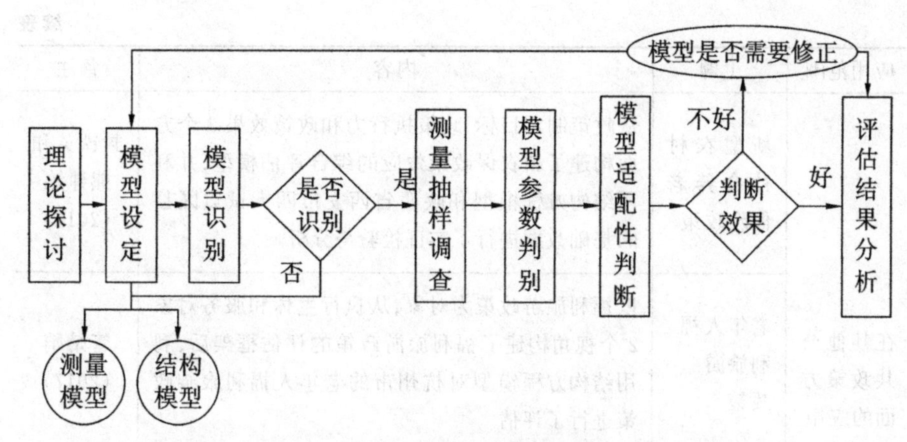

图 5-5　结构方程分析法的基本原理

料的观测变量来间接反映政策的价值，而这些观测变量的合理、完整与否将直接影响到价值评估结果。表 5-5 反映的是结构方程分析方法在土地管理政策及其他公共政策评估过程中的具体应用情况。

表 5-5　结构方程分析法在政策评估方面的应用

应用范围	主题	内容	备注
在土地管理政策方面的应用	开发区土地集约利用政策	以全国国家级非高新开发区数据为研究样本，参照国土资源部颁发的《开发区土地集约利用评价规程》，利用结构方程模型对非高新开发区土地集约利用体系的科学性和合理性进行定量检验与分析	董光龙等(2012)
	土地整理政策	以陕西省杨凌示范区揉谷镇 347 份农户问卷调查为支撑，在选取农村、农业和农民效益为潜变量，村庄景观改善度、田块规整度等 15 个观测变量后构建了结构方程模型，定量分析了土地整理的“三农”效益，并提出了针对性的建议	王云霞和南灵(2015)
	城乡建设用地增减挂钩政策	以江苏省“万顷良田建设”项目区的 236 份农户问卷为基础，根据阿马蒂亚·森的可行能力理论与结构方程模型，从农户福利视角探讨了城乡建设用地增减挂钩政策的实施效应，指出要切实保障农户的各种权益及社会保障等	上官彩霞等(2016)

续表

应用范围	主题	内容	备注
在其他公共政策方面的应用	新型农村社会养老保险政策	从政策制定目标、政策执行力和政策效果3个方面构建了新农保政策效应的综合评估模型,并利用结构方程模型和陕西省西安市四大试点区县的基础数据进行了实证检验与分析	封铁英和熊建铭(2014)
	老年人福利旅游政策	以福利旅游政策为对象,从执行主体和服务对象2个视角构建了福利旅游政策的评估框架后,利用结构方程模型对杭州市的老年人福利旅游政策进行了评估	管婧婧(2017)
	生态保护政策	选取湘西土家族苗族自治州为研究区域,根据结构方程模型的基本原理,建立了林业生态工程的经济效应评估框架,并结合年度统计数据实证探讨了林业生态工程对区域总体经济发展、基础设施建设及农户减贫等方面的影响	段伟等(2017)

(6) 系统动力学分析

系统动力学最早由美国麻省理工学院的福瑞斯特（Forrester）教授于1956年提出，主要研究复杂问题的反馈过程，是一门认识并解决复杂系统问题的新兴交叉学科。系统动力学遵循定性与定量相结合的基本原则，把系统科学的基本理论、思想与计算机仿真技术结合起来，以复杂系统的内部机制和微观结构为出发点，通过对系统的解构建立结构模型，分别利用回路来说明系统结构框架，利用因果关系图、流图和方程来描述系统要素之间的逻辑关系、数量关系，继而借助专业的计算机软件对系统内部结构进行模拟分析。系统动力学的最终目标并不是简单地建立模型，而是通过对所构建模型的阐释，深度认识并分析所研究的现实系统的动态关系特征，并提出改善系统运行效率和效益的对策建议。系统动力学早期主要应用在以企业为中心的工业系统中，因而又称工业动力学。但是随着研究的不断扩展，系统动力学目前在资源利用、企业管理到政府决策的各个领域都有应用，已成为系统科学的主要实验方法和分析工具，为很多地区、国家甚至是世界组织的战略决策及政策安排提供了技术支持，享有“战略与策略实验室”的美誉。

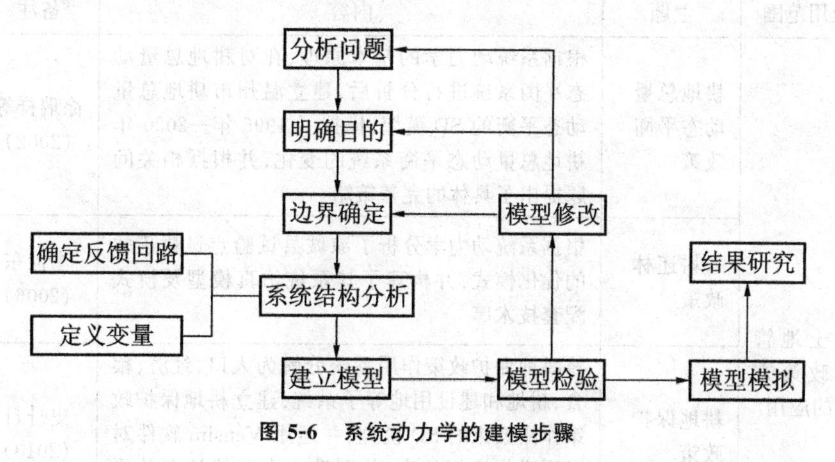

图 5-6　系统动力学的建模步骤

利用系统动力学解决特定问题时主要包括以下五个核心步骤（图 5-6）：①根据系统动力学的理论与方法对研究对象进行系统分析；②分析系统结构，确定系统的反馈机制及主要变量；③构建系统动力学模型；④进行模型检验，并根据发现的问题对模型进行修改与改进；⑤借助计算机和相关软件进行模拟实验与政策分析，以获取更丰富、更详实的系统信息。

由于公共政策的复杂系统特性，那些传统的政策研究方法在进行政策量化分析，特别是政策效果评估时，往往显得过于“约化”①。通过系统动力学建模，不仅可以揭示出政策的作用机制，而且能够在宏观层面模拟政策的具体运行过程。目前系统动力学在政策影响、政策效果和政策仿真等方面都有应用，特别是随着社会仿真技术的兴起与发展，为政策仿真提供了成熟的理论基础和便捷的仿真工具，利用系统动力学等仿真方法探寻公共政策的作用机制及完善路径等已经成为政策科学领域的一个前沿课题，为政策分析与研究提供了一条新的路径。表 5-6 反映的是系统动力学分析方法在土地管理政策及其他公共政策评估过程中的具体应用情况。

---

① 李大宇，米加宁，徐磊. 公共政策仿真方法：原理、应用与前景 [J]. 公共管理学报，2011，8 (4)：8-20，122-123.

表 5-6　系统动力学分析在政策评估方面的应用

应用范围	主题	内容	备注
在土地管理政策方面的应用	耕地总量动态平衡政策	根据系统动力学的基本原理，在对耕地总量动态平衡系统进行分析后，建立温州市耕地总量动态平衡的 SD 模型，模拟了 1996 年—2020 年耕地总量动态平衡系统的变化，并根据相关问题提出了具体的完善策略	徐瑞祥等(2002)
	退耕还林政策	根据系统动力学分析了凉城县试验点退耕还林的优化模式，并构建了其系统仿真模型及模式配套技术等	李世东(2006)
	耕地保护政策	将耕地保护政策作用系统分解为人口、经济、粮食、耕地和建设用地等子系统，建立耕地保护政策作用效果的 SD 模型，并运用 Vensim 软件对模型进行模拟仿真，从财政支农和耕地占补平衡两个方面提出了完善耕地保护政策的建议	史丹丹(2013)
	土地违法治理政策	在构建地方政府土地违法的 SD 模型后，分别对事前预防型、事中监督型和事后惩罚型政策下 2010 年—2020 年的土地违法面积变化进行模拟仿真，并据此提出针对性建议	谭术魁等(2013)
在其他公共政策方面的应用	水资源政策	根据系统动力学分别对实施应急供水工程、调整工业产业结构等不同水资源政策对水资源承载力的影响进行动态仿真模拟，为北京市社会经济可持续发展提供政策支撑	范英英等(2005)
	工业固废管理政策	基于系统动力学构建工业固体废弃物管理系统的 SD 模型，并结合辽宁省的数据，对政府激励、约束政策变化对工业固体废弃物管理系统的影响程度进行了仿真分析	范厚明等(2014)
	单独二孩政策	借助 Any Logic7.0 平台构建了育龄妇女及家庭生育意愿的 SD 仿真模型，预测我国不同生育政策下人口规模变化及可能带来的影响，进而得出不同政策的优劣情况，为改进“单独二孩”政策提供参考	阮雅婕等(2015)

5.2.2 不同政策评估量化方法的比较

除了上述列出的几种较为常用的政策定量评估方法外，前后对比法、成本—收益分析法（包括成本—收益分析和成本—效能分析）、灰色关联法、计量经济学模型等也在不同领域的公共政策评估中有所运用。这些具体的评估方法构成了相对完整的政策评估方法体系，也是本书耕地休耕政策评估方法选取的基础支撑。

表5-7反映的是几种常用的政策评估量化方法的比较，不同的评估方法具有其特定的应用领域与范畴，也存在一定的限制性。

表5-7　常用的政策评估量化方法的比较

评估方法	评估对象	主要优势与劣势	适用条件
层次分析法	政策价值 政策效益	优势：系统、实用、简洁、方便 劣势：侧重定性的判断和分析，评估过程带有一定的主观臆断性；同一层次指标过多容易导致判断矩阵的严重不一致	①数据资料搜集不全； ②很难进行完全量化； ③政策目标清晰、结构完整； ④政策目标可以分解为多层次的评估体系
模糊数学分析法	政策价值 政策效益	优势：将复杂、抽象的问题简单化、具体化；应用范围广；以向量形式展现评估结果，提供的信息较为丰富 劣势：模糊系统中的数据较为杂乱，准确筛选评估指标的难度较大；指标权重设定对评估人员素质要求较高；计算精度受指标集约束	①政策评估对象的层次复杂； ②政策评估对象具有模糊性，很难进行具体、精确的描述； ③评估指标内涵清晰且相互之间具有明确的界限； ④评估标准中存在模糊性和不确定性

续表

评估方法	评估对象	主要优势与劣势	适用条件
数据包络分析法	政策效益	优势:无须主观定权;不受计量单位影响;数据兼容性强,可具有多个输出;可揭示政策效益低下的原因及改进方向 劣势:模型种类繁多,实际操作中难以明确界定适用范围;评估指标数量受评估对象的严格限制;评估结果只具有宏观意义和相对意义	①对数据的精确度要求较高; ②符合拇指法则:评估对象数要大于或等于指标数的两倍
回归分析法	政策影响	优势:简单方便;对于小数据量、简单的关系解释度较强,有利于决策 劣势:在面对复杂的政策问题时,解释力度与可信度不够	①需掌握大量数据; ②评估对象不太复杂; ③变量间往往难以用确定的函数关系来表示,需要利用统计学原理描述随机变量间的相关关系
结构方程分析法	政策影响 政策价值 政策效益	优势:多因变量处理;允许自变量与因变量含有测量误差;能估测误差并进行修正 劣势:假设要求严格;只研究结构,对于因果解释无能为力;变量个数有限制,若变量过多,拟合指标不容易达到要求;模型运行费时	①作为一种理论验证模型; ②预设政策评估对象的前提假设; ③明晰潜变量与观测变量之间的逻辑关系
系统动力学分析	政策影响 政策效果 政策仿真	优势:擅长处理周期性、长期性问题;在样本有限的情况下仍可运行;擅长处理高阶、非线性时变的问题 劣势:受建模者认知水平影响较大;需要大量的逻辑判断和数据运算	①评估对象可被视作一个系统,并可以按照结构或功能进行解构; ②评估系统内各结构或功能间相互依存; ③最大限度地收集与评估系统相关的资料与数据

资料来源:作者根据相关文献自行整理。

耕地资源的多功能属性及其在社会经济发展过程中的基础地位，决定了耕地休耕政策除了具有一般公共政策的共同特征外，还有其自身的独特属性。在耕地休耕政策评估过程中，应该根据具体的评估内容及目的，综合考虑不同评估方法的适用性，选择恰当的方法，保证相关方法运用到耕地休耕政策主题中的恰当性及准确性，同时还要考虑评估基础资料的可获得性及完备程度等。

如前所言，无论是耕地休耕政策的主体、环境，还是具体的制定过程，都表现出复杂性特征，耕地休耕政策作用系统也是一个复杂的大系统。综合考虑上述定量评估方法的基本原理、应用范围、优缺点及本书的研究目标等，主要选用系统动力学模型开展耕地休耕政策评估工作。运用该方法不仅可以在宏观层面把握耕地休耕政策系统的整体状况，而且可以有效揭示出耕地休耕政策系统内部各个要素之间的作用关系，特别是借助系统动力学模型可以模拟不同情景下耕地休耕政策系统的发展趋势，可以为耕地休耕后续政策完善与优化提供重要参考。

5.3 系统动力学对耕地休耕政策评估的适用性

耕地休耕是在全面掌握耕地资源利用情况的基础上，通过种植结构调整和相关技术手段，提高耕地生产能力和耕种适宜程度的系统工程，耕地休耕政策则是指导、规范耕地休耕过程的一系列政策安排。与其他领域的公共政策一样，耕地休耕政策形成和实施过程中所形成的社会网络结构和行为选择等都表现出高度的不确定性，导致耕地休耕政策本身及其作用系统也充满了由诸多不确定性而引发的复杂性。

5.3.1 耕地休耕政策系统的复杂性特征

根据法国学者莫兰（Morin）的复杂性理论①，耕地休耕政策的复杂性及其复杂系统特征主要表现在以下几个方面。

(1) 耕地休耕问题构建的复杂性

发现问题是政策形成的一个关键环节。豪伍德（Horwood）和彼得斯

① 莫兰. 复杂性思想导论［M］. 陈一壮，译. 上海：华东师范大学出版社，2008.

(Peters) 曾提出过著名的“政策病理”概念，指出了问题构建在整个政策过程中的重要作用[①]。习近平总书记在对《建议》起草情况进行说明的时候，指出探索实行耕地休耕政策实际上是综合考虑了各种因素，包括目前我国耕地资源利用所面临的地力退化、面源污染等制约因素，国际国内的粮食安全格局，一定时段内人口发展及粮食需求状况等，是党中央、国务院基于各种内外部因素而作出的重大决策部署。耕地休耕问题构建时要综合考虑到各种影响因素，有效权衡不同主体的意见，保障政策议程的良性设定等[②]，而且这些问题并不能够简单地相加，而是相互影响、相互制约。因此，在进行耕地休耕政策分析时，应该首先认识到耕地休耕问题本身的复杂性和多样性，同时也要关注到不同的内外部环境对政策影响的差异。

(2) 地方政府决策的自发性

改革开放以来，我国社会经济得到了举世瞩目的发展，目前中国特色社会主义进入了新时代，中央政府与地方政府关系有了调整。在高速的社会发展和转型过程中，中央政府有步骤、有策略地下放管理权限，使得地方政府在进行地方事务管理时具有极大的自由裁度权。在耕地休耕政策的形成和实施过程中，以原农业部、中央农村工作办公室等为代表的中央政府负责该政策的顶层设计与总体协调，地方政府则是具体政策制定和实施的主体，十部委联合印发的《方案》是全国耕地休耕工作的纲领性文件，其主要内容可以总结为各试点省份应该“因地制宜”地制定具体的“实施方案”和保障机制，这实际上给了地方政府一定的管理弹性与自发性。从现实情况来看，各试点省份在《方案》的指导下，都制定了实施方案并进行了休耕项目的布局与安排，但是这种基于区域发展特征及耕地利用情况所形成的政策安排，使得不同地区耕地休耕政策在实施过程中所表现出的复杂程度也具有明显差异。

(3) 利益主体关系的非线性

根据美国学者米切尔（Mitchell）等的利益相关者分类标准[③]，耕地休耕过程中的利益主体主要指休耕政策的施体和受体，包括中央政府、地方政府、受

---

① 陈庆云. 公共政策分析 [M]. 北京：北京大学出版社，2006：94.

② 聂国良，王雅男. 论政策问题构建的复杂性 [J]. 法制与社会，2014，(7)：52-53.

③ MITCHELL R. K., AGLE B. R., WOOD D. J. Toward a theory of stake-holder identification and salience: Defining the principle of who and what really counts [J]. Academy of Management Review, 1997, 22 (4): 853-886.

影响的村社组织、农户等。这些主体实际上是异质的智能体，这种异质性不仅表现在不同类型的主体之间，同一主体因为资本、教育等要素禀赋状况、信息获取能力等的差异，也会表现出明显不同的行为特征。在耕地休耕政策的形成和具体实施过程中，尽管各利益主体间存在共同的利益结合点，但由于各主体的理性思维存在较大差异，各方都希望在休耕过程中实现自身利益最大化或是达到自己的最优目标，相互之间存在着复杂的权利、责任及利益关系，各个主体都会根据自身的利益情况选择相应的行为策略。利益主体的多寡及行为方式的多元化程度，将直接决定休耕政策主体作用关系的复杂状况。

(4) 耕地休耕政策作用系统的复杂性

首先，由于耕地休耕政策形成过程和实施环境等的复杂性，其作用系统的结构极其复杂，既可以看成是由"社会＋经济＋生态＋人口＋技术"等子系统相互作用形成的整体，也可以分解为费希尔教授的四个系统框架等，不同层次的系统及具体因素之间存在复杂的作用路径及耦合关系，任何一个要素的变化都会影响到耕地休耕政策作用系统的总体效应。其次，从耕地休耕政策的环境来看，任何有关耕地休耕的单一政策安排或多项政策组合，都发生在复杂的"社会——技术系统"[①] 中，使得耕地休耕政策的作用系统表现出一定的不确定性和风险性。同时，耕地休耕政策作用系统在运行过程中必然与其他系统及外部环境进行物质、能量的交流与循环，是一个开放的系统并且表现出时段特征。除此之外，与其他复杂系统类似，耕地休耕政策作用系统还包含存在多重反馈、具有因果律且因果时有分离等特点。

5.3.2 耕地休耕政策评估系统动力学建模的可行性

系统动力学的研究对象主要是远离平衡状态的非线性开放系统，是定量解构复杂系统的重要工具与分析手段，这与耕地休耕政策的复杂系统特征较为吻合。

(1) 通过系统动力学的结构化方法可以较为全面地认识和剖析耕地休耕政策

耕地休耕政策本身及其作用系统涉及的因素众多，不同因素之间存在着相

---

① 李大宇，米加宁，徐磊. 公共政策仿真方法：原理、应用与前景 [J]. 公共管理学报，2011，8 (4)：8-20，122-123.

互促进、相互制约的复杂关系。系统动力学以现实情况为基础，其理论和方法能够将这些复杂的因素与关系进行抽象化处理，从全域视角分层次地对这些因素进行梳理与分析，探寻系统优化的方法和路径。遵循这样结构化的分析思路，可以从不同层次、不同深度认识耕地休耕政策，为科学评估奠定基础。

(2) 利用系统动力学可以从定性和定量两个维度探讨耕地休耕政策

现代公共政策分析的一个重要原则是在相关条件许可的时候，尽可能地进行定量分析，但是也不能忽视定性方法的运用。科学认识耕地休耕政策是一个定性判断与定量分析的综合过程，休耕后所导致的粮食播种面积、粮食产量、农户收入等指标的变化可以直观地揭示出耕地休耕政策所产生的各种影响，而规范的政策设计和有效的政策宣传等对耕地休耕政策的可持续发展也具有重要的促进作用。通过前文对系统动力学的简要介绍可知，该方法是以定性分析为先导，以定量分析为支撑，通过螺旋式的层层推进，有效解决问题。在耕地休耕政策评估过程中，将理论探讨与实证分析有机结合，根据系统动力学的基本原理，可以更系统地揭示出耕地休耕政策评估的复杂内涵与层次，增强评估过程的严谨性。

(3) 借助系统动力学的“战略与政策实验室”功能对耕地休耕政策进行模拟仿真

耕地休耕政策目前在我国尚处于初步发展阶段，各种数据资料的存档工作暂时还没有形成规范的管理机制，相关资料的获取渠道、完整性及丰度等都是评估工作可能面临的问题；而且我国属于典型的大国经济，区域异质性明显。在某一区域运行良好的休耕政策安排与设计并不能完全“移植”到其他区域，即无法进行“真实实验”。同时，在进行耕地休耕政策评估时，容易出现样本量有限或者资料信息不足等情况，这就需要我们在充分掌握休耕政策的基础信息，全面揭示耕地休耕政策的影响机理后，通过参数调节的场景分析，运用模拟手段进行近似分析。系统动力学的建模过程并不是简单地通过公式运算后得出结论，而是在掌握系统的实际运行情况后，借助计算机手段对系统的运行趋势进行仿真分析（见图 5-7），为人们提供了一种较为合理的政策分析工具，也符合耕地休耕政策的可持续发展要求。

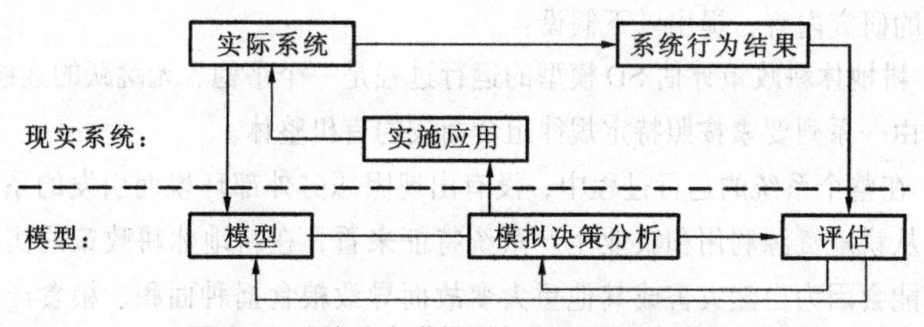

图 5-7 系统动力学模型与现实系统的关系

5.4 耕地休耕政策评估的系统动力学模型设计

5.4.1 建模思想与系统边界

(1) 建模目的

耕地休耕政策评估系统是一个高阶、非线性的复杂系统。通过构建耕地休耕政策评估的SD模型，旨在研究与耕地休耕密切相关的各个因素之间的相互作用关系，分析区域耕地资源利用、粮食生产、农业科技发展、新农村建设及社会经济发展等多种因素之间的反馈机制，并根据前期所积累、整理的基础数据资料，用函数、变量、系统动力学方程等对这些复杂的反馈关系进行描述与刻画，明晰耕地休耕政策评估的系统构成与关键要素，揭示耕地休耕政策的运行机理、过程与效应等，并在此基础上，进行各种政策模拟与分析，探讨如何进行农业产业结构调整与农用地管理制度完善与创新等，以提高耕地休耕政策的现实效果，实现其在更大空间范围内的实施与推广。

(2) 模型假设

为了更加准确地描述系统的实际情况，避免因为对系统中一些复杂细节的不精确描述而降低系统的模拟精度，在构建SD模型之前通常需要进行适当的假设，而且，合理的假设能够简化模型，进而突出核心研究问题①。与此同时，由于现实环境的复杂性，相关假设条件也不宜过多。根据耕地休耕的基本特征

① 徐霄枭，项晓敏，金晓斌，等. 土地整治项目社会经济影响的系统动力学分析——方法与实证 [J]. 中国土地科学，2015，29 (8)：73-80.

及本书的研究内容，提出以下假设：

① 耕地休耕政策评估SD模型的运行过程是一个平稳、无跳跃的连续过程，是一个由一系列要素按照特定规律组合而成的有机整体。

② 在整个系统的运行过程中，没有出现因恶劣外部环境而引发的系统崩溃情况。从耕地资源利用和农业生产系统特征来看，在耕地休耕政策的实施过程中，可能会因为自然灾害或其他重大变故而导致粮食播种面积、粮食产量等指标的巨大波动，因而本书研究的是耕地休耕政策在正常外部环境下的运行。

③ 研究尺度：耕地休耕既体现在宏观的政策安排与制度设计上，也表现在具体的休耕项目建设上。本书遵循宏观与微观相结合的原则，既有整体层面对耕地休耕政策的理解与认识，也有微观层面对具体项目区内部各种要素的考量。

(3) 系统边界

所谓系统边界，是指包含待研究系统的各个要素及其属性空间在内的，客观的或者是假设的界限①。系统边界的确定是进行SD分析的基础步骤②，就是要确定系统的结构，明确作为研究客体的系统应该包含哪些方面的内容，进而将待研究对象与外部环境进行有效区分。与任何复杂系统边界确定的核心要点类似，在确定耕地休耕政策评估系统边界时，也必须至少做到以下两点：

第一，系统边界的界定必须包括耕地休耕政策评估系统的关键要素，这些要素紧密联系，相互作用，在系统内部构成一个统一整体；

第二，系统边界的界定必须包括描述系统关键要素之间作用关系的反馈回路，而且应该保证这些回路的完整性。

5.4.2 系统结构及因果关系分析

在系统科学中，一般用无序和有序来描述客观事物或由多个子系统组成的系统的状态。其中，有序是指系统内部各要素或事物间有规则的联系与转化，无序则表示系统内部各要素的混乱、无规则组合，且在转化上也没有规律性。

① 光辉. 我国建筑业可持续发展系统评价与仿真研究 [D]. 南京：南京林业大学，2014.

② 杨浩雄，李金丹，张浩，等. 基于系统动力学的城市交通拥堵治理问题研究 [J]. 系统工程理论与实践，2014，34 (8)：2135-2143.

根据熵值定律[①]，孤立的系统总是表现出熵增态势，最终达到熵值最大，也就是最混乱无序的状态，而对于开放的系统而言，由于它不断地与外界环境进行能量与物质交流，可以通过向环境中释放热量的方式增加系统的负熵，进而使总熵减少，逐渐使系统整体达到有序状态。从耕地资源的基本特性和利用过程来看，耕地资源系统实际上是人类在一定时空范围内，通过耕地生物与非生物之间的关系以及生物种群之间的关系，在一系列人工调控与约束下，形成的不同发展水平与表现形式的耕地生产体系[②]。在区域耕地资源的利用过程中，如果耕地资源系统负熵的消耗高于负熵的补充，则耕地资源系统将会走向无序状态，耕地质量也将退化[③]。从这个层面来看，耕地休耕实际上就是耕地资源利用过程中负熵输入的过程。但是如果将耕地休耕看成一个统一整体，耕地休耕政策的实施过程实际上也存在着"正熵"与"负熵"的"博弈"，其中，"正熵"的形成过程就是耕地休耕政策运行不畅的生成过程，"负熵"的形成过程就是保证耕地休耕政策顺利实施的具体路径，只有当"负熵"与"正熵"保持有序、稳定的关系格局时，耕地休耕政策才能有序、高效运行。根据 4.4 节的内容，耕地休耕政策评估系统可以分解为项目验证、情景确认、社会论证和社会验证四个子系统。

(1) 项目验证子系统

以 4.4.2 节项目验证层面所构建的主要指标体系为基础，综合考虑各个指标的基本内涵及其相互之间的作用关系，据此设计出项目验证系统的因果关系图（见图 5-8）。

(2) 情景确认子系统

从 4.4.3 节情景确认层面所构建的主要指标体系出发，综合考虑各个指标的基本内涵及其相互之间的作用关系，据此设计出情景确认系统的因果关系如图 5-9 所示。

---

① "熵（entropy）"最早由德国物理学家克劳修斯（Rudolf Clausius）于 1854 年提出，主要用来表征可逆过程中物质吸收的热与温度的比值。目前其应用范畴不断扩展，主要用来度量开放系统的无序程度。

② 郝仕龙，曹连海，李春静．基于耗散结构理论的黄土丘陵区耕地利用变化分析［J］．中国生态农业学报，2010，18（1）：170-174.

③ 陈磊，田双清，张宽，等．基于耗散结构理论的四川省耕地生态安全测度分析［J］．水土保持研究，2017，24（2）：307-313.

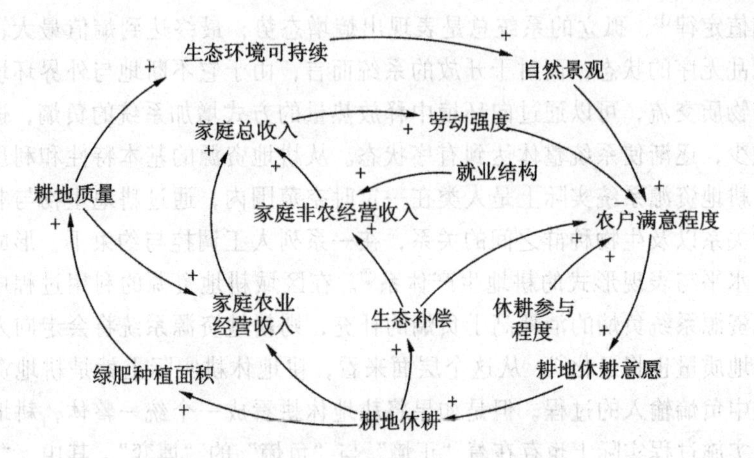

图 5-8　项目验证系统的因果关系图

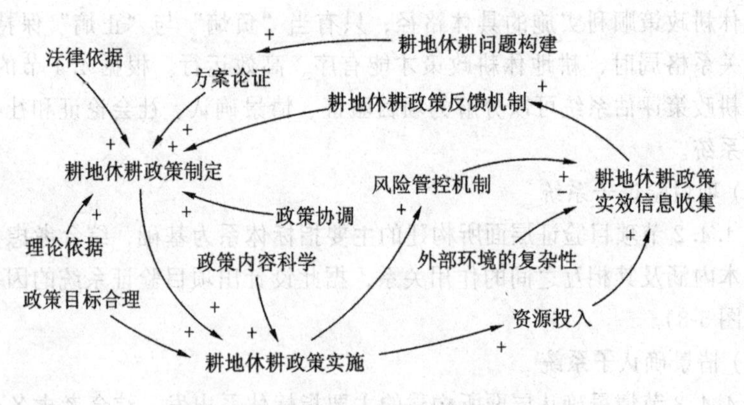

图 5-9　情景确认系统的因果关系图

(3) 社会论证子系统

从 4.4.4 节社会论证层面所构建的主要指标体系出发，综合考虑各个指标的基本内涵及其相互之间的作用关系，据此设计出社会论证系统的因果关系如图 5-10 所示。

(4) 社会选择子系统

从 4.4.5 节社会选择层面所构建的主要指标体系出发，综合考虑各个指标的基本内涵及其相互之间的作用关系，据此设计出社会选择系统的因果关系如图 5-11 所示。

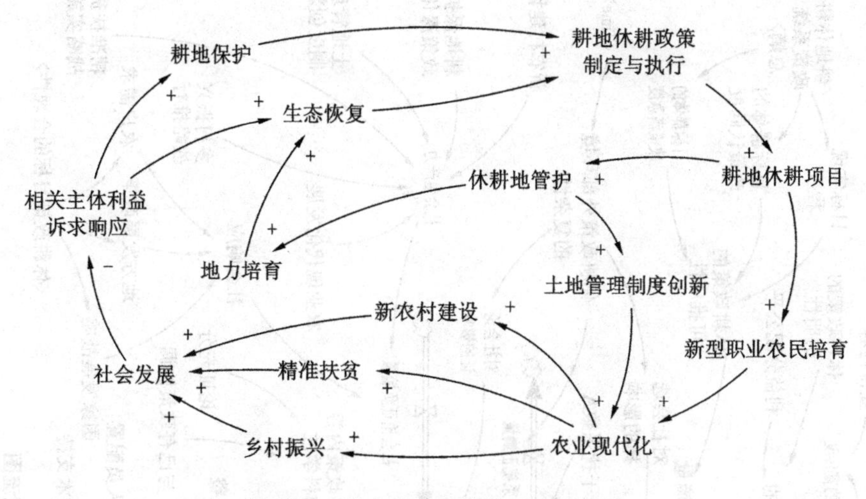

图 5-10　社会论证系统的因果关系图

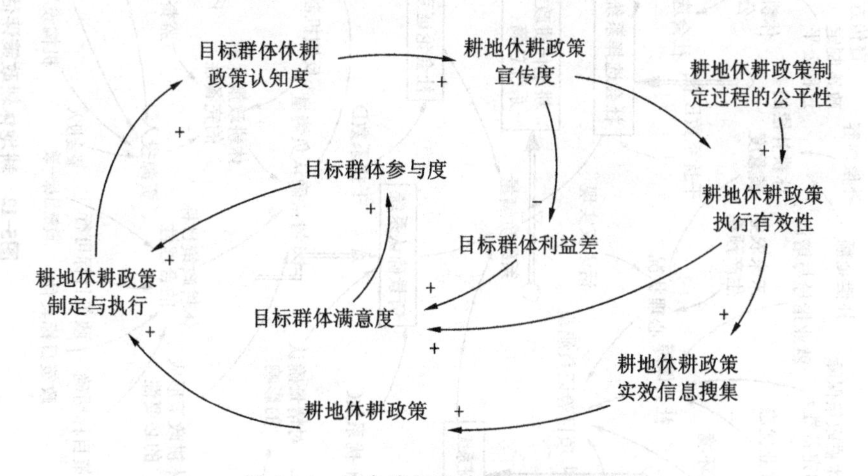

图 5-11　社会选择系统的因果关系图

5.4.3　系统流图

根据上文对耕地休耕政策评估系统结构的分解与分析，将四个子系统进行合并与扩展，构建出如图 5-12 所示的耕地休耕政策评估系统流图。

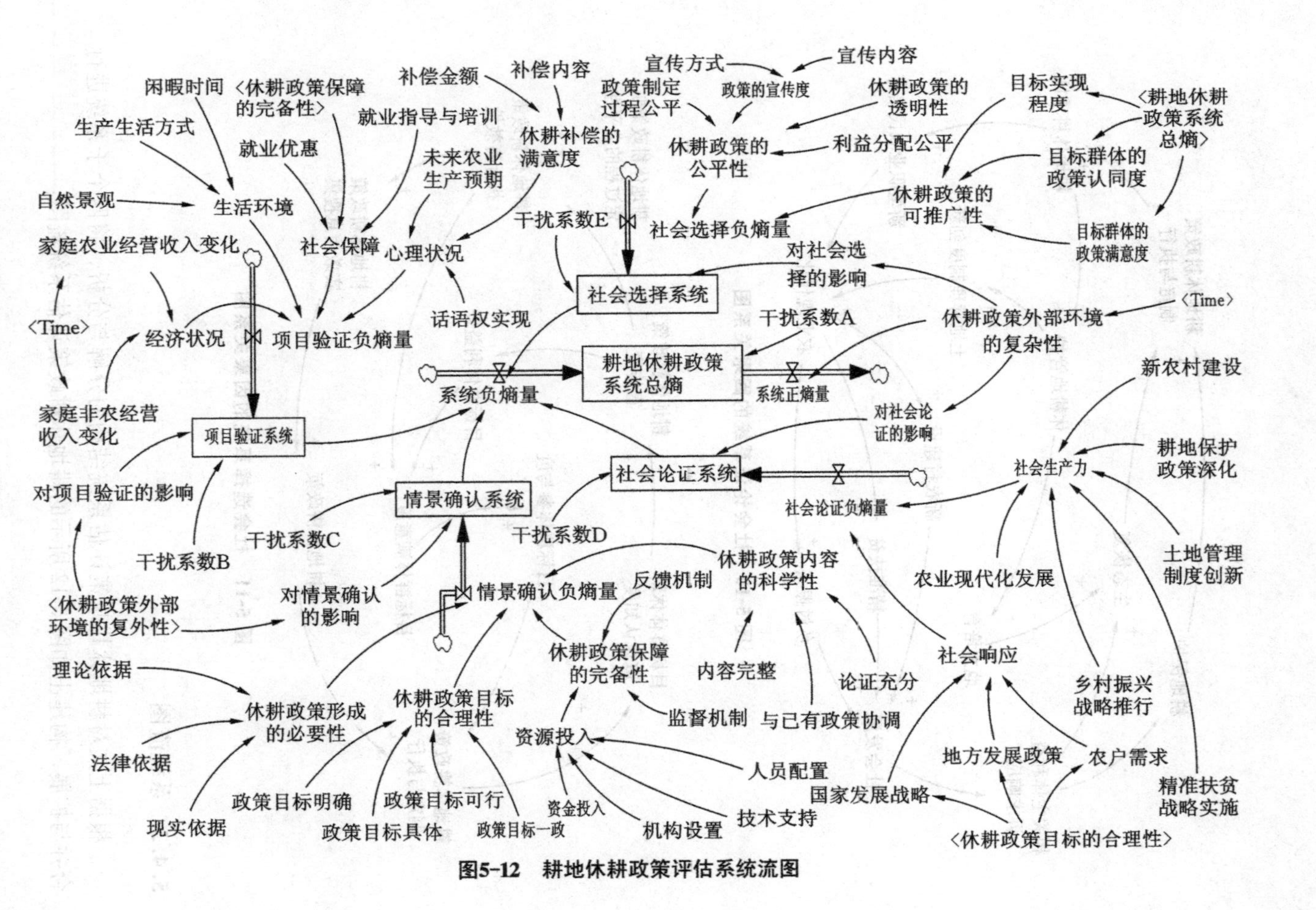

图5-12　耕地休耕政策评估系统流图

5.4.4 模型设置

(1) 模型参数估计

参数估计是SD建模的一个关键环节与步骤。常用的估计方法主要包括查找资料、现状与历史调查、咨询专家、依据经验、合理猜测等[①]。具体而言：①对相关公开渠道，如统计年鉴、官方网站等公布的数据进行收集、整理，利用第一手资料设定参数；②利用模型中变量之间的相互关系确定参数值；③根据统计资料，利用趋势外推方法确定参数；④利用历史资料，通过灰色系统方法、回归分析方法等确定参数；⑤对于缺乏历史数据的变量主要通过问卷调查和专家评议等方式设定参数；⑥根据已经掌握的有关目标系统的知识、经验等进行参数估计。

在对图5-12所示的耕地休耕政策评估模型进行模拟运算之前，应该对模型中的参数（初始变量、常量、表函数等）进行赋值。结合耕地休耕政策评估模型中各指标和参数的特点，本书采用的参数设定方法如表5-8所示。

表 5-8　耕地休耕政策评估模型参数设定方法

方法	基本策略
调查问卷法	根据区域耕地休耕政策的总体情况并结合研究目的，主要通过对休耕主管部门、执行部门及农户等的问卷调查及深度访谈，收集基础资料并确定参数，如休耕面积、休耕补偿金额、发放方式等
专家评议法	对模型中一些难以直接获得、专业性较强的因素，如休耕政策的理论依据是否充分、目标是否合理等，主要咨询农业经济与管理、土地资源管理等领域的专家、学者对模型设定的指标或变量进行分析后确定
定性分析法	休耕政策评估模型中存在着很多无量纲的因素，如外部环境的复杂性、对社会论证的影响等，单个变量的变化或两个变量的影响特征非常清晰，可以尝试用定性分析方法确定参数变化趋势，如可以用表函数描述变量之间的相互关系

① 许光清，邹骥. 系统动力学方法：原理、特点与最新进展 [J]. 哈尔滨工业大学学报（社会科学版），2006，8 (4)：72-77.

续表

方法	基本策略
模拟实验法	对于那些难以通过常规途径获取的参数,可通过对现实状况系统、科学的研判与分析,初步设置后进行反复调试,直至模型结果与现状基本类似且模型稳定

(2) 模型方程构建

根据图 5-12 的基本框架和主要反馈关系，确定耕地休耕政策评估 SD 模型共包含 4 个状态变量，6 个速率变量和诸多初始变量、辅助变量。在进行模型模拟运算之前，可以通过 Vensim 软件的函数库建立不同变量之间的方程表达式，选用的函数包括逻辑函数、延迟函数、表函数等，模型中的主要方程如下：

1) FINAL TIME = 100　　Unit: Month

The final time for the simulation.

2) INITIAL TIME = 0　　Unit: Month

The initial time for the simulation.

3) SAVEPER = TIME STEP

4) TIME STEP = 0.5

5) 耕地休耕政策系统总熵＝INTEG［（系统负熵量－系统正熵量）*－0.1＋干扰系数 A，初始值］

6) 系统负熵量＝项目验证系统 * 0.25＋情景确认系统 * 0.25＋社会论证系统 * 0.25＋社会选择系统 * 0.25

7) 系统正熵量＝休耕政策外部环境的复杂性

8) 项目验证系统＝INTEG（项目验证负熵量 * 对项目验证的影响 * 0.1＋干扰系数 B，初始值）

9) 项目验证负熵量＝经济状况 * 0.3＋生活环境 * 0.2＋社会保障 * 0.3＋心理状况 * 0.2

10) 对项目验证的影响＝WITH LOOKUP（休耕政策外部环境的复杂性，(［(0, 0) － (100, 0.1)］, (0, 0.04254), (10, 0.0467), (20, 0.0657), (30, 0.0475), (40, 0.06034), (50, 0.0653), (60, 0.0542), (70, 0.0678), (80, 0.05783), (90, 0.069), (100, 0.07563)))

11）经济状况＝家庭农业经营收入变化＊0.5＋家庭非农经营收入变化＊0.5

12）家庭农业经营收入变化＝WITH LOOKUP（Time，（[（0，0）－（100，1）]，（0，0.622），（10，0.585），（20，0.493），（30，0.645），（40，0.652），（50，0.647），（60，0.698），（70，0.732），（80，0.775），（90，0.664），（100，0.705）））

13）家庭非农经营收入变化＝WITH LOOKUP（Time，（[（0，0）－（100，1）]，（0，0.546），（10，0.477），（20，0.564），（30，0.622），（40，0.684），（50，0.733），（60，0.855），（70，0.721），（80，0.686），（90，0.756），（100，0.608）））

14）生活环境＝自然景观＊0.35＋闲暇时间＊0.35＋生产生活方式＊0.3

15）社会保障＝（就业优惠＊0.5＋就业指导与培训＊0.5）＊休耕政策保障的完备性

16）心理状况＝休耕补偿的满意度＊0.4＋话语权实现＊0.35＋未来农业生产预期＊0.25

17）休耕补偿的满意度＝补偿金额＊0.5＋补偿内容＊0.5

18）情景确认系统＝INTEG（情景确认负熵量＊对情景确认的影响＊0.18＋干扰系数C，初始值）

19）情景确认负熵量＝休耕政策形成的必要性＊0.2＋休耕政策目标的合理性＊0.2＋休耕政策保障的完备性＊0.3＋休耕政策内容的科学性＊0.3

20）对情景确认的影响＝WITH LOOKUP（休耕政策外部环境的复杂性，（[（0，0）－（100，0.1）]，（0，0.05572），（10，0.07886），（20，0.07672），（30，0.06885），（40，0.07043），（50，0.08824），（60，0.06027），（70，0.08628），（80，0.05852），（90，0.06433），（100，0.06575）））

21）休耕政策形成的必要性＝法律依据＊0.3＋理论依据＊0.3＋现实依据＊0.4

22）休耕政策目标的合理性＝政策目标一致＊0.25＋政策目标具体＊0.25＋政策目标可行＊0.25＋政策目标明确＊0.25

23）休耕政策保障的完备性＝资源投入＊0.5＋监督机制＊0.25＋反馈机制＊0.25

24）资源投入＝人员配置＊0.25＋技术支持＊0.25＋机构设置＊0.25＋资金投入＊0.25

25）休耕政策内容的科学性＝内容完整＊0.4＋与已有政策协调＊0.3＋论

证充分 * 0.3

26）社会论证系统＝INTEG（社会论证负熵量 * 对社会论证的影响 * 0.1＋干扰系数 D，初始值）

27）社会论证负熵量＝社会响应 * 0.4＋社会生产力 * 0.6

28）对社会论证的影响＝WITH LOOKUP（休耕政策外部环境的复杂性，（[（0，0）－（100，0.1）]，（0，0.05718），（10，0.06526），（20，0.05045），（30，0.04895），（40，0.06047），（50，0.06754），（60，0.06586），（70，0.05869），（80，0.0657），（90，0.07732），（100，0.06065）））

29）社会响应＝国家发展战略 * 0.4＋地方发展政策 * 0.25＋农户需求 * 0.35

30）社会生产力＝乡村振兴战略推行 * 0.15＋农业现代化发展 * 0.18＋土地管理制度创新 * 0.21＋新农村建设 * 0.14＋精准扶贫战略实施 * 0.07＋耕地保护政策深化 * 0.25

31）国家发展战略＝WITH LOOKUP（休耕政策目标的合理性，（[（0，0）－（100，0.1）]，（0，0.0154），（10，0.0247），（20，0.03465），（30，0.05526），（40，0.04468），（50，0.03798），（60，0.05859），（70，0.06022），（80，0.04782），（90，0.07001），（100，0.05006）））

32）地方发展政策＝WITH LOOKUP（休耕政策目标的合理性，（[（0，0）－（100，0.1）]，（0，0.0084），（10，0.02255），（20，0.04682），（30，0.04413），（40，0.05252），（50，0.0748），（60，0.0693），（70，0.0883），（80，0.0658），（90，0.0597），（100，0.0735）））

33）农户需求＝ WITH LOOKUP（休耕政策目标的合理性，（[（0，0）－（100，0.1）]，（0，0.05563），（10，0.04847），（20，0.0585），（30，0.04892），（40，0.05951），（50，0.06087），（60，0.06558），（70，0.07431），（80，0.08054），（90，0.07575），（100，0.06975）））

34）社会选择系统＝INTEG（社会选择负熵量 * 对社会选择的影响 * 0.1＋干扰系数 E，初始值）

35）社会选择负熵量＝休耕政策的公平性 * 0.5＋休耕政策的可推广性 * 0.5

36）对社会选择的影响＝ WITH LOOKUP（休耕政策外部环境的复杂性，（[（0，0）－（100，0.1）]，（0，0.02562），（10，0.04773），（20，0.03035），（30，0.04847），（40，0.05394），（50，0.06257），（60，0.06832），（70，0.06865），（80，0.05042），（90，0.06542），（100，0.06068）））

37）休耕政策的公平性＝政策制定过程公平 * 0.25＋政策的宣传度 * 0.25＋休耕政策的透明性 * 0.25＋利益分配公平 * 0.25

38）政策的宣传度＝宣传方式 * 0.5＋宣传内容 * 0.5

39）休耕政策外部环境的复杂性＝WITH LOOKUP (Time,（［（0，0）－（100，1）］，（0，0.1125），（10，0.177368），（20，0.235228），（30，0.307018），(40，0.3342)，(50，0.385965)，(60，0.438596)，(70，0.47107)，(80，0.495614)，(90，0.570333)，(100，0.5895)））

40）休耕政策的可推广性＝目标实现程度 * 0.3＋目标群体的政策认同度 * 0.3＋目标群体的政策满意度 * 0.4

41）目标实现程度＝IF THEN ELSE (耕地休耕政策系统总熵＞＝0，0.35，0)

42）目标群体的政策认同度＝IF THEN ELSE（耕地休耕政策系统总熵＞＝0.1，0.38，0）

43）目标群体的政策满意度＝IF THEN ELSE（耕地休耕政策系统总熵＞＝0.1，0.45，0）

5.5 本章小结

本章在第四章所构建的耕地休耕政策评估理论框架中，探讨了量化分析在耕地休耕政策评估中的必要性和可行性。指出量化评估可以增强耕地休耕政策评估过程的客观性、规范性及评估结果的科学性，且目前发展相对较为成熟的政策定量评估方法体系及相关量化分析软件的开发与使用等都为耕地休耕政策评估提供了便利。

综合考虑层次分析法、模糊数学分析法、数据包络分析法、回归分析法、结构方程分析法和系统动力学六种常用的政策评估量化方法的应用范围、优缺点及本书的研究目标后，本书主要选用系统动力学模型开展耕地休耕政策评估工作，并探讨了耕地休耕政策评估系统动力学建模的可行性。在此基础上，根据系统动力学建模思想和4.4节的内容，将耕地休耕政策评估系统分解为项目验证、情景确认、社会论证和社会验证四个子系统，分别构建了各个子系统的因果关系图和整个耕地休耕政策评估系统流图，并介绍了耕地休耕政策评估模型的参数设定方法和主要方程，为后文实证分析奠定了方法论基础。

第 6 章 耕地休耕政策评估的实证分析

基于相关理论、文献及耕地休耕政策特性所建立的评估体系及量化方法只有落实到具体的空间单元才会真正发挥作用。根据 2016 年《探索实行耕地轮作休耕制度试点方案》的战略安排，目前我国主要是在以华北平原为代表的地下水漏斗区、以长株潭城市群为代表的重金属污染区、以西南喀斯特地区为代表的石漠化地区和西北地区为代表的生态严重退化地区开展国家层面的耕地休耕政策试点工作，试点区域具体分布在河北省、湖南省、贵州省、云南省和甘肃省。同时，作为我国的农业大省和粮食主产区，江苏省在经历过长时间的高强度耕地开发与利用后，积极响应国家政策，将耕地休耕作为发展现代农业、实现可持续、绿色发展的主要抓手，率先进行省级层面的耕地休耕政策试点工作，制定并出台了一系列政策安排，并投入巨额财政支持和其他物质保障，目前，江苏宿迁、宜兴、昆山等地的休耕政策都在有序推进中①。

6.1 研究区域选择

由于不同省份耕地资源禀赋及耕地利用所面临的制约因素差异，特别是各地区社会经济发展水平、要素投入能力与规模的不同，耕地休耕政策实施进度及所产生的综合效应也表现出区域差异。其中，湖南省素有“鱼米之乡”的美

① 2018 年 2 月，在原农业部、财政部联合举行的“耕地轮作休耕制度试点”新闻发布会上，公布了计划将新疆塔里木河流域地下水超采区、黑龙江寒地井灌稻地下水超采区纳入耕地休耕试点范围。

誉，是我国农业大省和粮食主产区之一，其水稻种植面积与产量连续40多年位居全国首位[①]，在保障我国主要农产品供给和粮油安全方面担负着重要责任。《中国统计年鉴2017》资料显示，2016年，湖南省稻谷产量达到2602.3万吨，占当年度全国稻谷总产量的12.57%。然而，根据湖南省第二次土地调查的数据成果，目前湖南省共有耕地面积413.5万公顷，仅占全国耕地总面积的3.05%，且人均耕地面积也只有全国平均水平的59.20%[②]，省内很多县（市、区）的耕地后备资源甚至已经很难实现耕地资源的占补平衡[③]。与此同时，湖南省也是全球著名的有色金属之乡和我国重要的重金属矿区之一，境内分布了很多优质的铜锌矿、铅锌矿等。自20世纪80年代以来，湖南省社会经济快速发展，开采、冶炼有色金属成为湖南省很多地区经济发展的重要支撑。在经过长期高强度的矿产开发后，留给湖南省的是受损严重的生态环境，也制约了区域城镇化进程和社会经济转型步伐。有关湖南省重金属污染的话题经常会在社会上引发热议，特别是2013年5月，株洲市攸县的“镉大米”事件经媒体报道和持续发酵后，湖南省的重金属污染耕地问题受到了国家的高度重视，重金属污染耕地修复治理也成为湖南省耕地利用与管理的核心内容。

2014年，经农业部和财政部批准，湖南省长株潭地区正式启动“重金属污染耕地修复及农作物种植结构调整”试点工作，这项工作涉及耕地面积广，人口多，财政投入巨大，是目前世界上规模最大的耕地污染治理工程[④]。它期望通过相关技术手段和种植作物、种植方式的调整等获得良好的农业生产条件和社会发展环境。2016年5月20日，由中央全面深化改革领导小组第二十四次会议审议通过的《探索实行耕地轮作休耕制度试点方案》，将湖南省长株潭重金属超标的重度污染区作为我国首批四大休耕试点区域之一。湖南省积极响应党中央的战略部署，根据本区域耕地资源利用和粮食生产的实际状况，划定了休耕重点区域，并制定了具体的重金属污染耕地治理式休耕试点实施方案。

---

① 李颖明，王旭，郝亮，等．重金属污染耕地治理技术：农户采用特征及影响因素分析［J］．中国农村经济，2017（1）：58-67，95.

② 中华人民共和国国土资源部．关于湖南省第二次土地调查主要数据成果的公报［EB/OL］．［2014-03-07］．http://www.mlr.gov.cn/tdzt/tdgl/decdc/dccg/gscg/201403/t20140307_1306252.htm.

③ 周克艳，刘芳清，陈俊宇，等．供给侧改革下湖南耕地高效可持续利用策略［J］．湖南农业科学，2016，6：94-97.

④ 廖晓勇．耕地土壤重金属污染修复实践［J］．民主与科学，2016，6：20-22.

2016年，湖南省共在长沙市长沙县、宁乡市、岳麓区，株洲市茶陵市、醴陵市，湘潭市湘乡市和雨湖区等3市13县（市、区）落实休耕面积10.01万亩，顺利完成了中央下达的10万亩休耕任务。2017年，湖南省又在中度及重度重金属污染区新增了10万亩休耕耕地，并以整村推进的方式落实。

表6-1反映的是湖南省耕地休耕试点的基本情况。目前，湖南省正在积极完善休耕管理体制，优化休耕地治理模式，各休耕试点区域的各项工作进展顺利。而且，已经开展的污染耕地修复治理工作与耕地休耕工作具有一定的共性，也间接为耕地休耕政策分析提供了部分可参考的资料。基于此，本书将以湖南省为主要研究样本，根据前文所构建的分析框架，通过对目前湖南省部分重金属污染耕地治理式休耕项目的调查与分析，对耕地休耕政策进行综合评估与研究。

表6-1　湖南省重金属污染耕地治理式休耕试点基本情况

重要文件	☆《关于印发〈探索实行耕地轮作休耕制度试点方案〉的通知》(农农发〔2016〕6号)； ☆《关于印发〈湖南省重金属污染耕地治理式休耕试点2016年实施方案〉的通知》(湘农联〔2016〕100号)； ☆《关于下达〈2016年湖南重金属污染耕地修复及农作物种植结构调整试点休耕资金〉的通知》(湘财农指〔2016〕152号)； ☆《关于印发〈2017年耕地轮作休耕制度试点工作方案〉的通知》(农农发〔2017〕1号)； ☆《关于印发〈湖南省重金属污染耕地治理式休耕试点2017年实施方案〉的通知》(湘农发〔2017〕159号)； ☆《湖南省重金属污染耕地修复及农作物种植结构调整试点2017年实施方案》(湘农联〔2017〕105号)； ☆《关于长株潭地区种植结构调整及休耕治理工作的指导意见》(湘政办发〔2018〕10号)； ☆ 各试点地市发布的重金属污染耕地治理式休耕试点实施方案、技术规范及其他文件等
基本思路	政府主导，农民自愿，市场运作，适当补贴
主要原则	休耕与治理相结合；休耕非弃耕非抛荒；休耕期农田基本建设和设施管护不停滞

续表

休耕时间	从2016年晚稻季开始
休耕规模	2016年安排休耕面积10.01万亩,2017年新增并落实10万亩中度至重度污染耕地
休耕区域	长株潭地区:长沙市长沙县、宁乡市、浏阳市、岳麓区、望城区;株洲市株洲县、茶陵县、攸县、醴陵市、天元区;湘潭市湘潭县、湘乡市、雨湖区
职责划分	休耕工作分工明确:湖南省农业委员会和财政厅负责休耕的通常安排与监督指导;各试点县人民政府负责具体的组织实施;村委会则负责试点期内休耕地统一管护
实施模式	主要通过"农户+村委会+社会服务组织"的模式实行整组或整村休耕。休耕期间,耕地的经营管理权统一交由村委会行使,村委会可根据实际情况,组织本地农民或者引进社会化服务组织开展休耕管理工作
技术路径	以重金属污染治理为核心,形成了"休耕+治理+培肥"的治理路径。具体而言:(1)分类休耕,根据耕地受污染程度(土壤和稻谷中的镉含量)形成可达标生产区、管控专产区和作物替代种植区,分别实施2～3年的休耕;(2)边休耕边治理,统一采用施用石灰、深翻耕、种植绿肥和吸镉作物等措施对休耕地进行管护;(3)休耕期间同时加强对各种农田基础设施的维护,以保证休耕期满后很快速恢复农业生产
补偿机制	补偿对象与内容:按照承包权进行补偿;包括休耕补贴与治理补贴
	补偿标准:全年休耕每亩补贴标准为1300元(含治理费用)。由于2016年只休耕晚稻,耕地经营者减少的收入按照420元/亩补偿,第二年按照700元/亩的标准补偿
	补偿方式:现金直补(通过农村信用社、中国农业银行和邮政储蓄银行等发放到一卡通账户)

6.2 基础资料采集与分析

本书进行耕地休耕政策评估所需要的资料总体上可以分为宏观基础资料和微观基础资料两种。其中，宏观基础资料主要是指湖南省的社会经济发展及耕地资源利用情况，特别是省内实施耕地休耕政策的县域、乡镇及村庄的基本情况，为我们在宏观上把握耕地休耕政策提供支撑。这些资料主要通过查询相关公开资料获得，具体包括湖南省和县（市、区）各年度统计年鉴，不同行政单元统计局的官方网站等，部分资料以实地调查方式进行补充。微观基础资料主要是指休耕项目的基本信息以及项目所涉及的不同利益主体对耕地休耕政策的总体认知，通过对这些资料的搜集与整理，可以在一定程度上掌握耕地休耕政策的落实情况及所产生的影响，它们也是进行耕地休耕政策评估的最基础资料，其丰度与完整性将直接关系到耕地休耕政策评估工作的顺利程度。

6.2.1 调研方案与问卷设计

基于耕地休耕政策评估指标的内涵、特征及社会调查的主要程序，制定出湖南省耕地休耕政策评估基础资料的调研方案（见表 6-2）。

表 6-2 湖南省耕地休耕政策评估基础资料搜集方案与实施

调查目的	系统掌握湖南省耕地休耕政策的基本情况，为耕地休耕政策评估的理论丰富与方法甄选等提供实态调查数据支持		
调查时间	2017 年 12 月—2018 年 1 月		
调查对象	村集体	休耕区农户	主管部门、执行部门、专家学者等
调查内容	本村基本信息及耕地休耕情况	个人及家庭基本信息；家庭耕地休耕情况；耕地休耕过程中福利变化及满意度等	个人基本信息；对耕地休耕政策的总体认知、评价及对策建议等
调查方法	实地调研	“一对一”入户问卷调查	走访调研和问卷调查相结合
抽样方法	主要村干部访谈	分层整群随机抽样	面向单位工作人员发放问卷
资料整理	Word 2016；Excel 2016；SPSS 22.0		
数据分析	信度分析；描述性统计分析		

以调研方案为支撑，初步设计出针对不同对象的调查问卷或访谈提纲，并于 2017 年 12 月初开展预调研工作。根据反馈结果剔除初始问卷中信息重叠、概念模糊以及有二义性的问题，对问卷进行完善，在经过调研小组的反复讨论及多次征询相关专家意见后（见图 6-1），最终形成针对不同调研对象的调查问卷（详见附录 3、4、5）。

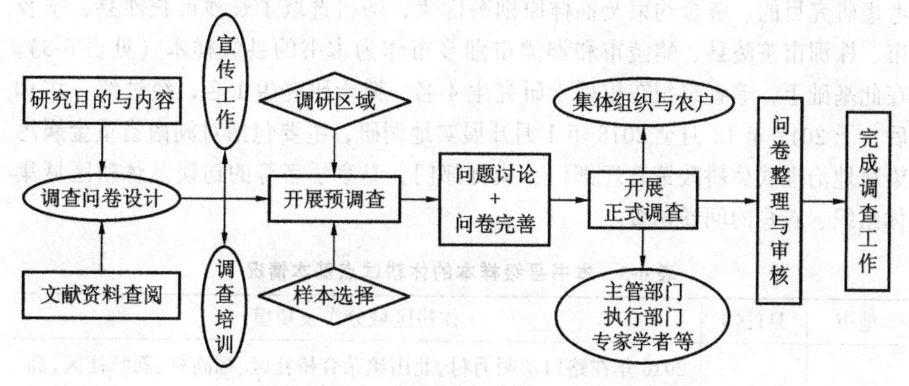

图 6-1 调查问卷的设计过程

为便于量化分析，参照目前理论界定性指标资料收集时采用的主要方法，根据李克特（Likert）量表[①]的基本思路来获取不同评估主体对所设定指标的“评估效用”。在进行问卷具体设计时，把每个与评估指标相关的问题都按照作用程度的高低，划分为五个等级，如“非常了解＋比较了解＋一般＋了解一点＋非常不了解”“非常满意＋比较满意＋一般＋不太满意＋非常不满意”等。同时，为使量表结果更加符合效用的定义范围 [0，1]，将每个答案对应的固定值由传统的{5，4，3，2，1}调整为{1.0，0.8，0.6，0.4，0.2}[②]，即“非常了解/非常满意＝1.0，比较了解/比较满意＝0.8，一般＝0.6，了解一点/不太满

① 李克特量表是由美国社会心理学家李克特于 1932 年在总加量表（Summated Rating Scales）的基础上改进而成的，每个量表都包括几组陈述，每个陈述的答案可以划分为 5 个、7 个或 9 个标准，目前在实践中应用较为广泛的是 5 点式量表，如采用“高＋较高＋一般＋较低＋低”的标准并分别赋值 5、4、3、2、1。通过对每个被调研对象对各个问题答案的汇总，可以反映出被调研对象对不同问题的态度与强弱。

② 韩冬，唐健，韩立达．基于 SI&CU 分析的成都市集体建设用地流转政策评估 [J]．中国土地科学，2012，26 (8)：3-9.

意＝0.4，非常不了解/非常不满意＝0.2”，其他指标（详见附录4和附录5）也根据内涵的肯定程度分别赋值1.0、0.8、0.6、0.4和0.2。

6.2.2 数据来源与采集

以湖南省长株潭重金属污染耕地治理式休耕试点的实际情况为基础，综合考虑研究目的、资金约束及抽样原则等因素，随机选取了长沙市长沙县、宁乡市、株洲市茶陵县、醴陵市和湘潭市湘乡市作为本书的县级样本（见表6-3）。在此基础上，笔者组织在校硕士研究生4名，博士研究生1名，经过统一培训后，于2017年12月至2018年1月开展实地调研，主要包括对湖南省重金属污染耕地治理式休耕政策管理部门、执行部门、专家学者等的访谈及休耕区域集体组织、农户的问卷调查。

表6-3 本书县级样本的休耕试点基本情况

地市	县(区)	休耕区域分布及规模
长沙市	长沙县	2016年在路口镇明月村，北山镇荣合桥社区、福高村、蒿塘社区，高桥镇百录村等6镇9村安排休耕面积10 359.45亩；2017年在路口镇明月村、龙泉社区，高桥镇百录村，福临镇双起村等9镇20村新增休耕面积11 914亩
	宁乡市	2016年在金洲镇沩桥村、颜塘村，夏铎铺镇六度庵村等3镇5村安排休耕面积10 000亩；2017年在金洲镇颜塘村、全民社区，巷子口镇仙龙潭村等3镇4村新增休耕面积14 244.169亩
株洲市	茶陵县	2016年在虎踞镇双芫村、和丰村，腰潞镇潞水村、东山村等3镇5村安排休耕面积5 650亩；2017年在腰陂镇东山村、石陂村、龙陂村、枧田村、涧洲村，潞水镇农元村，虎踞镇湖溪村等9镇22村新增休耕面积19 577.58亩
	醴陵市	2016年在均楚镇黄谷村，长庆示范区黄沙村，王仙镇三狮村等6镇9村安排休耕面积10 308.64亩(2017年资料未获取)
湘潭市	湘乡市	2016年在棋梓镇连云村、杉坪村、蛇潭村，毛田镇万洲村，翻江镇侧山村等7镇9村安排休耕面积9 532.23亩；2017年在泉塘镇新田村、泉塘村，月山镇青坪村等9镇16村新增休耕面积12 435.57亩

资料来源：根据调研资料整理而来。

表 6-4　耕地休耕政策主管部门及其他对象的访谈情况

访谈对象	单位或机构	问卷数量
主管部门	湖南省农业管理委员会;湖南省财政厅	8
执行部门	长沙县农业和林业局;茶陵县农业局;湘乡市农业局;高桥镇、金洲镇、均楚镇和毛田镇人民政府	24
其他部门	湖南省国土资源厅;长沙县国土资源局;茶陵县商务和粮食局;湘乡市环境保护局;高桥镇和毛田镇国土管理所	18
技术指导单位	株洲市土壤肥料工作站;宁乡县农业技术推广中心;湖南泰谷生物科技股份有限公司;毛田镇农业技术服务站	12
高校和研究机构	中南林业科技大学;湖南师范大学;湖南科技大学;湖南农业大学;湖南省农业科学院;湖南省土壤肥料研究所	18

访谈对象主要包括耕地休耕政策的主管部门、基层执行部门、技术指导单位、部分高校和研究机构，通过走访调研和问卷调查相结合的方式，共获取有效资料 80 份（见表 6-4）。在进行样本农户选取时，首先根据各县级样本休耕试点方案确定的乡（镇）级试点情况，在每个县（市、区）随机选取 2～3 个乡（镇），进而根据各乡（镇）的休耕村庄安排，在每个乡（镇）随机选取 1～2 个村，并在每个村随机选取 18～25 户农户，通过“一对一”入户访谈方式进行资料搜集。共计发放、回收农户问卷 336 份，通过对问卷的完整性检验及遗失样本数量统计，最终获得有效样本数量 305 份（见表 6-5），农户问卷的有效回收率为 90.77%。

表 6-5　样本农户分布及问卷回收情况

样本县(市、区)	样本乡镇	样本村庄	发放问卷数(份)	有效问卷数(份)	有效率(%)
长沙市长沙县	北山镇	福高村	22	20	90.91
	高桥镇	百录村	24	22	91.67
	福临镇	双起村	20	17	85.00

续表

样本县(市、区)	样本乡镇	样本村庄	发放问卷数(份)	有效问卷数(份)	有效率(%)
长沙市宁乡市	夏铎铺镇	六度庵村	20	18	90.00
	金洲镇	颜塘村	18	17	94.44
		沩桥村	20	17	85.00
株洲市茶陵县	火田镇	五门村	20	18	90.00
	虎踞镇	双芫村	18	16	88.89
		和丰村	18	16	88.89
	腰潞镇	东山村	22	21	95.45
株洲市醴陵市	均楚镇	黄谷村	24	22	91.67
	王仙镇	三狮村	22	20	90.91
湘潭市湘乡市	棋梓镇	连云村	20	18	90.00
		杉坪村	18	17	94.44
	毛田镇	万洲村	25	22	88.00
	山枣镇	板托村	25	24	96.00
总计	—	—	336	305	90.77

6.2.3　样本描述性统计分析

表6-6反映的是305个有效样本的基本特征：①男、女比例分别为74.43%和25.57%；②年龄主要集中在40～59岁，占比超过60%；③受教育程度普遍不高，初中及以下文化程度的样本数量接近80%；④家庭休耕规模主要是2～5亩（不含2亩），样本数为137，休耕规模为5～8亩（不含5亩）的样本占比为15.08%；⑤超过70%的样本为兼业农户，主要在农闲时间从事一些非农业工作；⑥大部分样本对耕地休耕政策的反馈情况都较好，认为现行耕地休耕政策安排“合格”或“优秀”的农户接近总样本的一半，也有7.54%的样本认为“不合格”。

表 6-6　样本农户的基本特征

指标	选项	频数(人)	比重(%)	指标	选项	频数(人)	比重(%)
性别	男	227	74.43	休耕面积	0～2 亩	90	29.51
	女	78	25.57		2～5 亩	137	44.92
年龄	30 岁以下	12	3.94		5～8 亩	46	15.08
	30～39 岁	56	18.36		8 亩及以上	32	10.49
	40～49 岁	93	30.49	兼业情况	有兼业	224	73.44
	50～59 岁	102	33.44		无兼业	81	26.56
	60 岁及以上	42	13.77	耕地休耕政策总体评价	优秀	35	11.48
文化程度	小学及以下	88	28.85		良好	117	38.36
	初中	152	49.84		中等	84	27.54
	高中(中专)	47	15.41		合格	46	15.08
	大专及以上	18	5.90		不合格	23	7.54

表 6-7 反映的是样本区域休耕政策管理部门、执行部门工作人员和专家学者等的基本特征。在 80 个样本中：①男性的比例相对较高，占比为 72.50%；②45～54 岁的样本占比最大（45.00%），其次是 35～44 岁（28.75%）；③文化程度较高，大学本科及以上学历的样本数量占比为 73.75%；④对研究区域现行耕地休耕相关政策安排的认同度较高，47.50%的样本认为“优秀”，32.50%的样本认为“良好”。

表 6-7　相关部门工作人员及专家学者的基本特征

指标	选项	频数(人)	比重(%)	指标	选项	频数(人)	比重(%)
性别	男	58	72.50	文化程度	大学本科	27	33.75
	女	22	27.50		研究生	32	40.00

续表

指标	选项	频数(人)	比重(%)	指标	选项	频数(人)	比重(%)
年龄	20～34岁	10	12.50	耕地休耕政策总体评价	优秀	38	47.50
	35～44岁	23	28.75		良好	26	32.50
	45～54岁	36	45.00		中等	12	15.00
	55岁及以上	11	13.75		合格	4	5.00
文化程度	高中及以下	5	6.25		不合格	0	0.00
	大专	16	20.00	—	—	—	—

6.2.4 问卷的信度和效度检验

信度主要用来反映问卷的可靠性，信度越高，则问卷越能够反映出实际情况。克朗巴哈（Cronbach）于1951年提出的α系数是目前理论界进行信度检验时较为典型的方法，且普遍认为α系数大于0.7时，意味着问卷的可靠性较高[①]。效度主要用来反映问卷的有效性，即所设计的问卷是否能够有效反映出想要考察的内容。效度越高，越能够使问卷结果与考察内容相吻合。其又可以进一步分解为内容效度和结构效度两种，前者反映问卷内容与研究主题的契合程度，后者能够检验所搜集的资料能否度量所要考察的变量[②]。本书所设计的问卷是在综合考虑耕地休耕政策评估指标属性及专家意见后形成的，而且通过预调查对问卷进行完善，因而所设定的内容能够达到内容效度检验要求，结构效度则通常利用KMO（Kaiser-Meyer-Olkin）和Bartlett球形检验分析，也以KMO值是否大于0.7为标准。

本书主要借助SPSS 22.0软件，对附录4和附录5中所涉及的李克特量表式问题进行信度和效度检验（见表6-8）。结果显示，两份问卷的Cronbach's α分别为0.891和0.926，远高于0.7；同时，KMO统计量也大于0.7，分别为

---

① 闫炳舟，陈英，吴玮. 农户道德风险行为发生的影响因素分析——基于结构方程模型的实证研究［J］. 江西财经大学学报，2017，6：77-86.

② 闫炳舟，陈英，吴玮. 宅基地价值观——概念的界定、量表开发与效度检验［J］. 干旱区资源与环境，2015，29（7）：61-67.

0.909 和 0.887，且 Bartlett 球形检验均在 1%的水平下显著，这些都意味着设计的问卷具有较高的可信度和有效性，可以继续做进一步的研究。

表 6-8　信度与效度检验结果

项目	检验指标	农户	相关部门工作人员与专家学者
Cronbach's α	—	0.891	0.926
KMO 检验	—	0.909	0.887
Bartlett 球形检验	近似卡方值(Approx. Chi-Square)	2 647.254	688.022
	自由度(df)	348	55
	显著性(Sig.)	0.000	0.000

6.3 耕地休耕政策评估的湖南实证

6.3.1 参数确定

以 305 份有效农户调查问卷和 80 份相关部门工作人员、专家学者调查问卷为基础，利用算术平均法对问卷中采用五点李克特量表设计的问题答案进行计算与整理，最终得到如表 6-9 所示的主要变量初始值分布情况。

表 6-9　耕地休耕政策评估 SD 模型主要变量初始值

变量	参数	变量	参数	变量	参数
自然景观变化	0.624	政策目标明确	0.829	与已有政策协调	0.765
生产生活方式适应状况	0.589	政策目标具体	0.732	对新农村建设的影响	0.758
闲暇时间变化	0.604	政策目标可行	0.845	对耕地保护政策深化的影响	0.884
就业优惠	0.643	政策目标一致	0.882	对土地管理制度创新的影响	0.732
就业指导与培训	0.702	资金投入情况	0.875	对精准扶贫战略的影响	0.787

续表

变量	参数	变量	参数	变量	参数
话语权实现	0.647	机构设置情况	0.821	对乡村振兴战略的影响	0.793
补偿金额满意度	0.774	技术支持情况	0.884	对农业现代化的影响	0.779
补偿内容满意度	0.704	人员配置情况	0.822	政策制定公平性	0.774
未来农业生产预期	0.703	监督机制	0.852	宣传方式	0.752
理论依据	0.832	反馈机制	0.874	宣传内容	0.708
法律依据	0.843	政策内容完整	0.794	政策透明性	0.685
现实依据	0.824	政策论证充分	0.823	利益分配公平性	0.682

6.3.2 模型检验

模型检验主要用来判断所构建的模型与现实状况的匹配程度，以保证模型的有效性和真实性。直观检验、运行检验和历史检验是目前理论界应用较为广泛的几种检验方法[①]（见表6-10）。

表6-10 常用的SD模型检验方法

方法	基本原理
直观检验	根据待研究问题的基本属性与研究目的，结合相关基础理论与SD建模原则，从模型的变量、因果关系、流图结构、方程表述等方面检验模型是否合理
运行检验	借助Vensim PLE软件可以直接进行量纲与模型检验，判断模型中是否存在错误
历史检验	将主要变量的仿真模拟结果与已有的历史数据进行误差、拟合度分析，据此分析模型的实际效果及有效性

考虑到耕地休耕政策在我国及实证区域尚处于初步发展阶段，难以进行历史数据拟合检验，本书在进行仿真模拟时，首先根据研究区域实际情况，对所构建的耕地休耕政策评估模型进行直观检验，并利用量纲检验和模型检验判断

① 王其藩．系统动力学［M］．上海：上海财经大学出版社，2009.

所设计的模型方程结构是否存在逻辑性错误，所构建的模型能否有序运行以及在运行过程中是否存在明显的漏洞和缺陷等。同时，还将对不同仿真步长下模型的稳定性进行检验。

(1) 直观检验

为保证模型结构最大程度地契合现实系统，在耕地休耕政策评估模型构建过程中就参照了大量文献资料，而且在资料搜集过程中广泛征询专家意见，他们均表示本书所研究的问题可以通过现有模型中的变量及它们之间的作用关系表现出来。

(2) 运行检验

利用 Vensim-PLE 软件自带的 Units Check 和 Check Model 功能进行模型的运行检验，结果显示模型量纲一致且模型运行并没有错误（见图 6-2）。

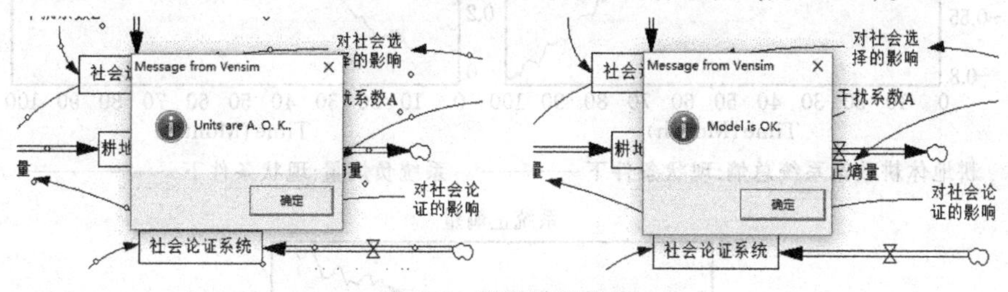

图 6-2 模型运行检验

(3) 稳定性检验

分别将模型的仿真步长设置为 1（One）、0.5（Half）和 0.25（Quarter），获得不同仿真步长下的模拟曲线。从图 6-3 可以看出，系统负熵量曲线在各个仿真步长下的运行轨迹较为一致，意味着所构建的模型稳定性较强。

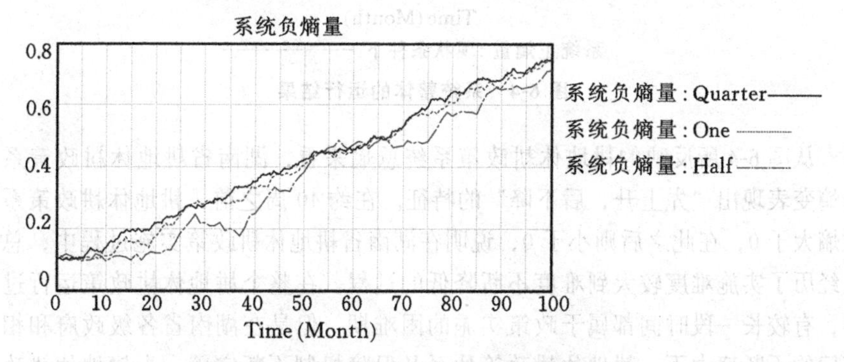

图 6-3 不同时间步长下系统负熵量的变化

6.3.3 现状条件下的仿真分析

借助 Vensim PLE 软件，将通过调研、访谈等方式获得的主要参数初始值及前文所设定的表函数等代入耕地休耕政策评估 SD 模型中，设定模型运行时长为 100 周，步长为 0.5，点击“Run a Simulation”图标运行模型，分别得到系统整体及各个子系统的运行结果（见图 6-4 和图 6-5）。

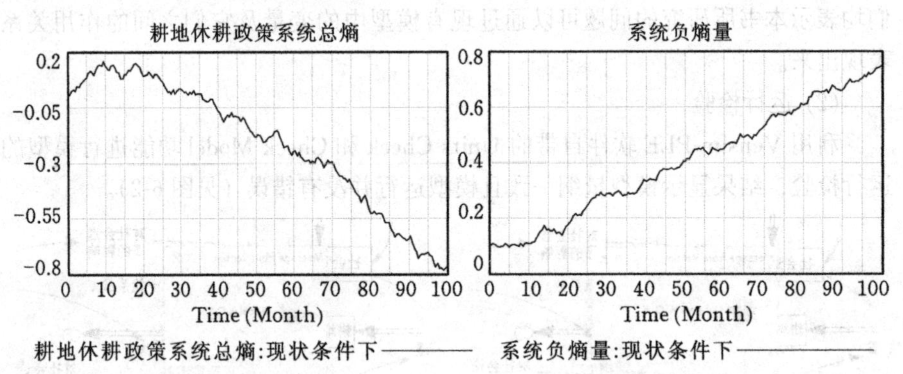

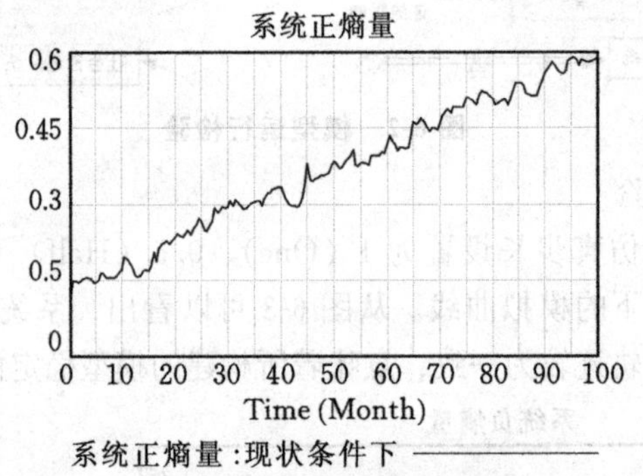

图 6-4 系统整体的运行结果

从图 6-4 所反映的耕地休耕政策系统总熵来看，湖南省耕地休耕政策系统的熵变表现出“先上升，后下降”的特征。在约 40 周之前，耕地休耕政策系统总熵大于 0，在此之后则小于 0，说明在湖南省耕地休耕政策实施过程中，总体上经历了实施难度较大到难度不断降低的过程。在整个耕地休耕政策运行过程中，有较长一段时间都属于政策实施的困难期，但是在湖南省各级政府和相关部门的不断努力下，耕地休耕政策体系及保障机制不断完善，为耕地休耕政策发展创造了较强的“内部推力”和“外部拉力”。同时，图 6-4 所示的耕地休耕政策系统熵变过程意味着耕地休耕政策系统逐渐由无序向有序转变，它实际上是系统正熵量、负熵量“博弈”与“均衡”的结果。对比图 6-4 中系统正、负熵量的变化曲线可知，在耕地休耕政策运行的初中期（0～40 周），推行耕地休耕政策的外部环境较为复杂，有关耕地休耕的各种政策安排与设计都处在探索阶段，系统正熵量的发展势头明显好于负熵量，负熵流还不足以抵消正熵量的增长。在耕地休耕政策运行的中后期（40～100 周），系统负熵能量的增长速度逐渐超过正熵能量，并形成了一定的能量梯度与势能差，实现了正熵流与负熵流的冲抵，耕地休耕政策系统由早期的无序状态逐渐转变为一种在功能上或时空上的有序状态，耕地休耕政策运行内部要素日趋完整，外部环境也不断好转。

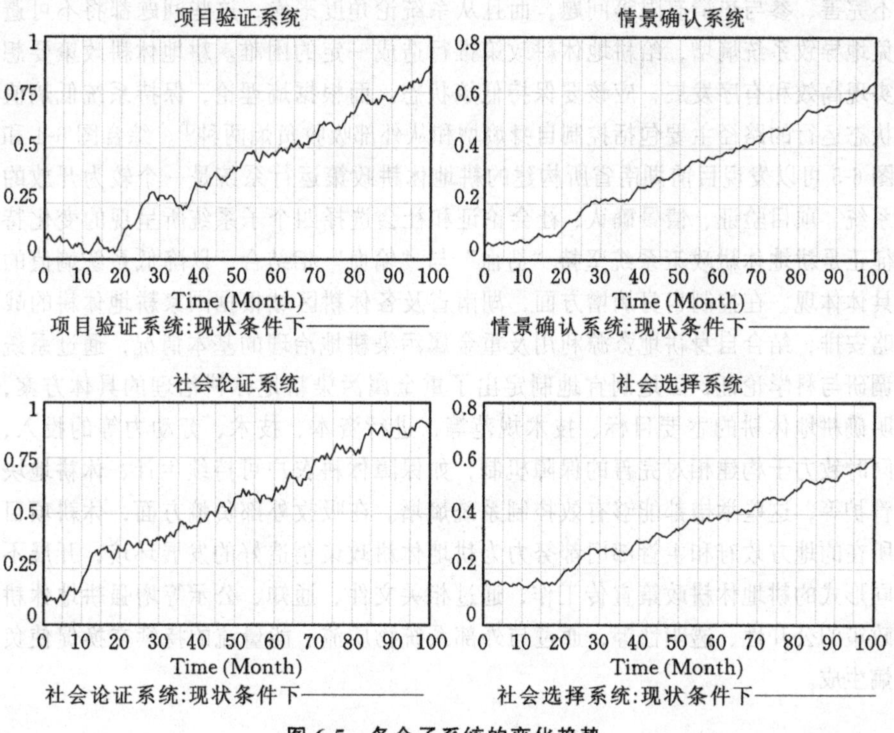

图 6-5 各个子系统的变化趋势

从图 6-5 所反映的各个子系统模型运算结果来看，项目验证、情景确认、社会论证和社会选择系统的模拟曲线都表现出稳定上升趋势。其中，项目验证系统主要反映的是耕地休耕政策对休耕农户福利所造成的影响，从图 6-5 中项目验证系统的变化轨迹来看，在耕地休耕政策实施初期，会给休耕农户生产生活带来一定的不适，曲线在 0～18 周表现出小幅下降趋势，但是随着政策本身和外部环境的不断完善，项目验证系统曲线持续增长。其他三个子系统的运行轨迹也都表现出早期增长缓慢或小幅下降，而中、后期不断增长的态势，这与客观现实较为吻合。这四个子系统的变化轨迹既是耕地休耕政策系统整体“正熵”与“负熵”互动的结果，也是各个子系统不断与外界进行物质循环与交流，生成大量负熵并与正熵对冲的结果。

作为一个新兴的政策设计与安排，在耕地休耕政策的制定过程和实施的初期阶段，各种要素的融合程度并不高，政策体系也有待完善，很容易出现内容不完善、参与热情有限等问题。而且从系统论角度来看，这些问题都将不可避免地导致系统熵增，给耕地休耕政策推行造成一定的困难。耕地休耕政策要想实现高效和有序发展，应该要保持低熵状态。而根据熵理论，保持系统低熵值状态运行的路径主要包括控制自身熵增和从外部吸收负熵两种①。综合图 6-4 和图 6-5 可以发现目前湖南省所构建的耕地休耕政策运行系统是一个较为开放的系统。项目验证、情景确认、社会论证和社会选择四个子系统所呈现的变化特征正是耕地休耕政策系统坚持“造血”与“输血”相结合，以降低系统熵值的具体体现。在控制自身熵增方面，湖南省及各休耕区域根据国家耕地休耕的战略安排，结合自身耕地资源利用及重金属污染耕地治理的基本情况，通过系统调研与科学论证，因地制宜地制定出了重金属污染耕地休耕治理的具体方案，明确耕地休耕的主要目标、技术规范等，进行资本、技术、劳动力等的投入，同时致力于构建相对完善的保障机制，如保障休耕农户可持续生计、休耕地块管护等，这些举措都能够有效控制系统熵增。在吸收外部负熵方面，休耕项目所在的地方政府和主管部门都努力为耕地休耕政策创造好的发展环境，开展不同形式的耕地休耕政策宣传工作，通过相关文件、通知、公示等增强耕地休耕政策的公开性、透明性等，通过与外部系统物质流、能量流的持续交换促使负熵生成。

---

① 陈智，杨体强．行政系统运行的熵理分析——兼及西部开发中行政系统运行规则［J］．内蒙古大学学报（人文社会科学版），2003，35（4）：13-17．

6.3.4 优化方案下的情景模拟

(1) 仿真方案设计

耕地休耕政策评估 SD 模型运行结果显示，在现状条件下，研究区耕地休耕政策在项目验证、情景确认、社会论证和社会选择四个层面都具有积极效应，但是情景确认和社会选择系统的增长趋势明显低于项目验证系统和社会论证系统。进一步研究四个子系统所对应的指标体系可以发现，项目验证指标突出耕地休耕政策在微观层面对休耕农户福利的影响，社会论证指标则强调耕地休耕政策在宏观层面对社会整体的影响，同属于“结果”范畴。而构成情景确认和社会选择系统的一些关键性指标，如耕地休耕政策形成依据、政策目标、政策方案制定与论证、政策内容等，与政策过程中政策制定的内涵有很大的关联性，资源投入、监督机制、反馈机制、政策宣传等则可以在一定程度上反映出耕地休耕政策的执行状况。

基于此，本书主要根据研究区域耕地休耕政策运行情况及预期目标，将情景确认和社会选择指标归纳为耕地休耕政策制定和执行两种类型，并以它们作为调控变量，通过调整这些指标的数值组合，模拟分析不同情景下耕地休耕政策系统的响应结果。具体的方案类型及参数组合如表 6-11 所示。

表 6-11　耕地休耕政策评估仿真方案

<table>
<tr><th rowspan="2">方案</th><th colspan="3">调控参量</th><th rowspan="2">备注</th></tr>
<tr><th>政策制定指标</th><th>政策执行指标</th><th>其他指标①</th></tr>
<tr><td>方案Ⅰ</td><td>提升10%</td><td>不变</td><td>不变</td><td rowspan="6">政策制定指标包括情景确认中政策形成必要性、政策目标合理性、政策内容科学性所包含的指标，以及社会论证中政策制定过程的公平性；政策执行指标包括情景确认和社会论证系统中的其他指标</td></tr>
<tr><td>方案Ⅱ</td><td>提升20%</td><td>不变</td><td>不变</td></tr>
<tr><td>方案Ⅲ</td><td>不变</td><td>提升10%</td><td>不变</td></tr>
<tr><td>方案Ⅳ</td><td>不变</td><td>提升20%</td><td>不变</td></tr>
<tr><td>方案Ⅴ</td><td>提升10%</td><td>提升10%</td><td>不变</td></tr>
<tr><td>方案Ⅵ</td><td>提升20%</td><td>提升20%</td><td>不变</td></tr>
</table>

① 将项目验证和社会论证系统所包含的指标统称为其他指标。

(2) 情景对比分析

图 6-6、图 6-7、图 6-8 分别反映的是耕地休耕政策制定过程优化、政策执行过程优化和组合优化情况下耕地休耕政策系统负熵量及总熵的变化情况。

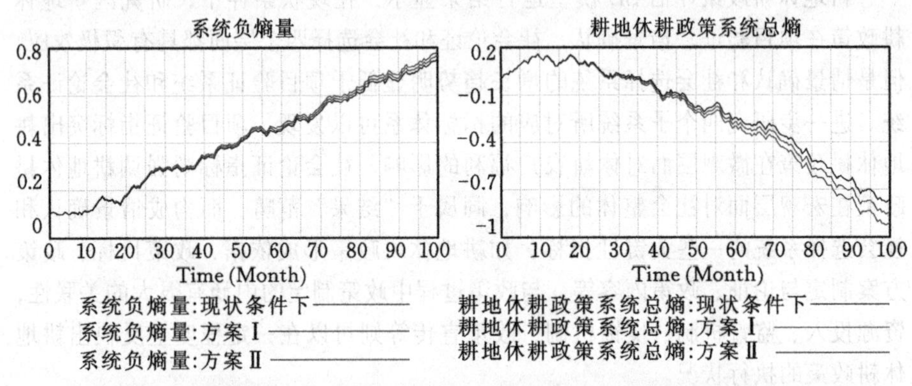

图 6-6　政策制定过程模拟优化情况下系统负熵量与总熵模拟仿真结果

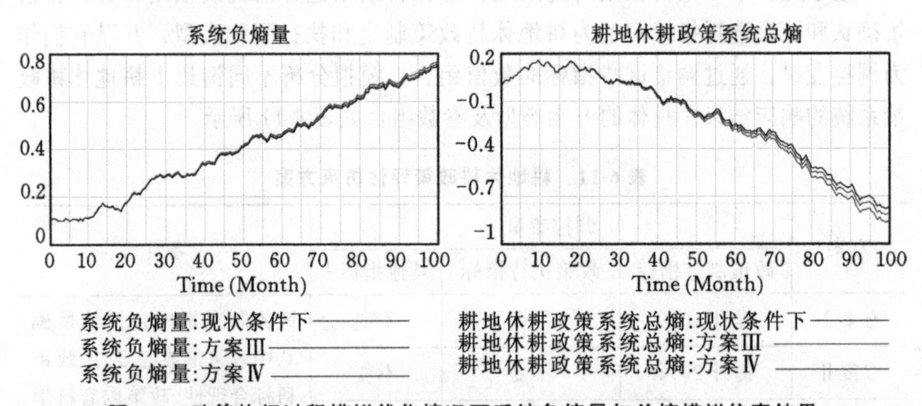

图 6-7　政策执行过程模拟优化情况下系统负熵量与总熵模拟仿真结果

从图 6-6 可以看出，在政策制定指标提升 10%（方案Ⅰ）后，耕地休耕政策系统负熵量呈上升趋势，总熵则表现出下降态势。从模拟曲线运行轨迹来看，系统负熵量和系统总熵都表现出“初期效果不明显，后期影响逐渐加大”的特征，且当政策制定指标优化 20%（方案Ⅱ）后，这些特征表现得更加明显。图 6-7 所示的耕地休耕政策执行指标优化后（方案Ⅲ和Ⅳ）模型运行结果也表现出“系统负熵量增加、系统总熵减少”的发展趋势，且与图 6-6 类似，政策执行指标优化后的模拟曲线也表现出阶段性特征：50周以后对系统负熵量和系统总熵的影响明显高于50周之前。同时，从图6-8可以很清楚地看出，政策制定指标和政策执行指标同时优化后对耕地休耕政策系统负熵与系统总熵的影响较单一类型指标优化后更为显著，且两种类型指标组合优化幅度越高（方案Ⅵ），越能够为耕地休耕政策运行创造好的发展环境。

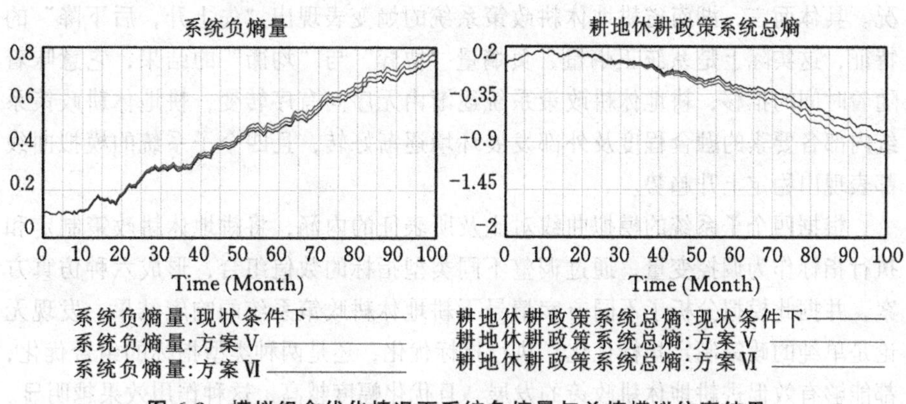

图6-8 模拟组合优化情况下系统负熵量与总熵模拟仿真结果

作为政策科学的核心主体之一，政策制定是耕地休耕政策过程的首要环节以及政策执行、评估的基础，也是决定耕地休耕政策成败的一个关键因素。从已有的类似生态工程相关政策实践来看，耕地休耕政策制定应该是包含议程设置、方案规划以及合法化等在内的复杂系统工程，而不是一种简单的或单纯的政府行为。政策执行则是将耕地休耕政策内容转化为现实的过程，是政策过程的一个中间环节。如果没有政策执行，耕地休耕政策方案将会是一纸空文，其所设定的政策目标自然也不能实现。从图6-6、图6-7和图6-8所呈现的模拟仿真结果来看，无论是单纯的政策制定指标优化、执行指标优化，还是两种类型指标的组合优化，都能够有效促进耕地休耕政策的发展，且优化幅度越高，这种作用效果越明显。

6.4 本章小结

本章将前文所构建的耕地休耕政策评估理论与量化模型有机结合起来，并将其应用到湖南省耕地休耕政策评估的实践中。

本章主要介绍了选取湖南省作为耕地休耕政策实证评估区域的主要原因及具体的资料搜集过程与方法，并对所搜集、整理的资料进行描述性统计分析和信度、效度检验。在此基础上，将相关基础数据运用到耕地休耕政策评估的SD模型中，综合运用直观检验、运行检验和稳定性检验三种方法对SD模型进行检验后，实证模拟了现状条件下耕地休耕政策系统整体及四个子系统的发展状况。具体而言，湖南省耕地休耕政策系统的熵变表现出“先上升，后下降”的特征，这实际上是系统正熵量、负熵量“博弈”与“均衡”的结果，它意味着随着时间的推移，耕地休耕政策系统逐渐由无序向有序转变，耕地休耕政策系统内部各要素的融合程度及外部发展环境逐渐好转，且四个子系统的模拟曲线都表现出稳定上升趋势。

根据四个子系统的模拟曲线对比及所表征的内涵，将耕地休耕政策制定和执行指标作为调控变量，通过调整不同类型指标的数值组合，形成六种仿真方案，并据此模拟分析了不同方案情景下耕地休耕政策系统的响应结果，发现无论是单纯的政策制定指标优化、执行指标优化，还是两种类型指标的组合优化，都能够有效促进耕地休耕政策的发展，且优化幅度越高，这种作用效果越明显。

第7章　耕地休耕政策的优化路径与策略

从政策学角度来看，由于政策环境的不断变化、人类认知的不断扩展等，并不存在最好的公共政策，但是致力于政策优化应该是我们追求的目标[①]。

7.1　耕地休耕政策优化的思路与路径

目前我国率先在一些耕地损毁严重的区域进行耕地休耕政策试点工作，着力恢复受损的生态系统与景观格局。但是从湖南省耕地休耕政策的总体运行情况及国家宏观发展战略来看，随着耕地休耕范围的扩大和各种规章制度的逐渐完善，耕地休耕将会演变成构建“和谐生态”的一个重要实践，在保障粮食安全、耕地红线的前提下，耕地休耕将会成为我国未来经济发展和耕地利用过程中的常态。为保障耕地休耕政策的可持续及智慧发展，一方面要思考如何有效巩固现有政策成果，另一方面要探索如何更好地进行耕地休耕后续政策完善与设计，这既是目前耕地休耕政策制定者思考的问题，也是本书的重要目标所在。

在综合考虑耕地休耕政策议程设置、政策执行状况，特别是现状条件下和优化方案下耕地休耕政策系统仿真结果来看，耕地休耕政策制定过程优化和执行过程优化应该是耕地休耕后续政策完善的主要方向和内容，前者可以在一定

① 陈雪莲. 公共政策失败成因系统分析——兼论政策优化路径 [J]. 马克思主义与现实, 2017, 6: 193-199.

程度上提升耕地休耕政策的质量，后者能够有效提升耕地休耕政策的执行力，二者的有序衔接与融合则能够创造出好的政策收益与发展前景。同时，结合本书的研究主题，强化耕地休耕政策评估工作也应该是未来完善耕地休耕政策的重要路径之一，它能够及时发现问题，不断为耕地休耕政策发展注入新的能量与活力。图 7-1 反映的是本书所设定的未来耕地休耕政策优化的主要路径及主要的实现策略。事实上，耕地休耕政策制定过程优化、执行过程优化及评估过程优化又可统一到耕地休耕政策过程的理论框架中，形成一个有机的整体。

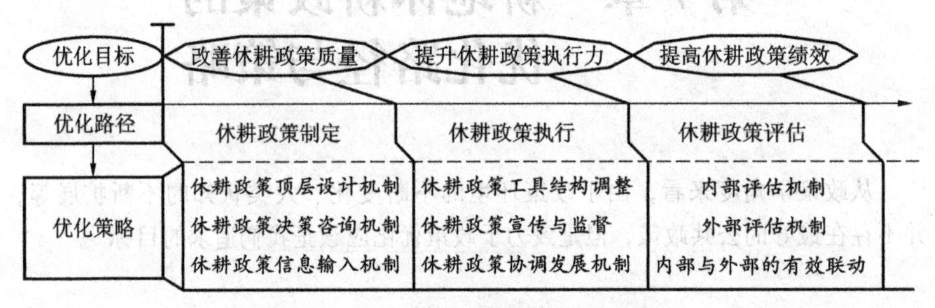

图 7-1　耕地休耕政策优化的基本路径

7.2　耕地休耕政策制定过程优化

通过对我国耕地休耕政策议程设置过程的多源流考察，拟利用图 7-2 所示的圆环结构（核心决策系统＋智库系统＋信息系统）来优化耕地休耕政策的制定过程。这种圆环模式能够保证各利益主体在耕地休耕政策形成过程中的充分参与，将国家、社会和个人利益纳入统一的平台上，有利于耕地休耕政策决策过程的“程序正义”。

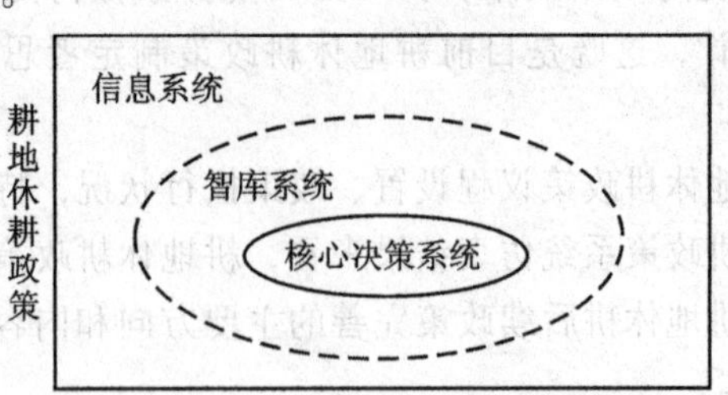

图 7-2　耕地休耕政策制定过程的圆环结构

7.2.1 强化耕地休耕政策的顶层设计

耕地休耕政策是一个典型的生态修复制度设计与安排，其所形成的产品具有共享性、外部性等特征。从理论上来看，这类公共产品应该完全由国家提供，然而由于耕地休耕所涉及要素的复杂性及我国现阶段社会经济发展状况等的制约，从已有的耕地休耕政策试点实践来看，目前我国的耕地休耕项目采取的是“政府主导＋农户参与”的政策设计模式。在产权上则属于公共产权（国家和地方政府）与私有产权（农户）结合的“混合产权”设计与安排。这种产权安排决定了在进行耕地休耕后续政策制定时要继续强化政府的主导地位，明确中央和地方政府的权责安排，同时要保障休耕政策直接作用对象（农户）的利益。

耕地休耕政策的公共政策特性及耕地休耕工程的复杂性、长期性等特征决定了必须要以中央政府作为耕地休耕政策设计与安排的主导。国家要在对目前耕地休耕政策实践状况全面总结与分析的基础上，综合耕地休耕政策实施过程中中央政府、地方政府和农户的利益，制定出宏观的耕地休耕主体政策。地方政府则要在全面把握中央政策和精神的基础上，根据中央的统筹安排，结合区域实际因地制宜地制定出具体的配套政策。在这个过程中，中央政府进行统筹规划和战略指导，地方政府则负责具体实施，如何降低信息不对称情况下的代理成本，实现与地方政府之间的动态博弈均衡，是未来休耕政策设计时中央政府需要解决的一个重要问题。在耕地休耕政策的早期推广阶段，地方政府的风险规避度较高，其努力边际成本也较高，此时，中央政府应该增大地方政府完成数量指标的激励，鼓励地方政府积极参与。随着休耕政策的逐渐深入，在耕地休耕政策从试点示范到全面推行的过程中，各种制度规范不断成形，努力的边际成本开始下降，此时，中央政府应该稳定对数量指标的激励，提高对质量保障任务的激励，避免地方政府片面追求“速度”，而忽视“质量”。当地方政府在耕地休耕项目数量达到饱和时如果依然不断增加数量，则其边际成本就会不断提高，在这样的情况下，应该适当降低对数量指标的激励，提高对质量保障指标的激励。

在国家耕地休耕主体政策和地方相关配套政策调整和完善过程中，还应该继续重视对休耕政策最终参与者的激励。特别是如何更大范围地调动农户的积极性且保证他们对耕地休耕政策的满意度，应该是耕地休耕后续政策设计中的一个重要内容。

7.2.2 健全耕地休耕政策决策的咨询机制

智库，又称智囊团、思想库等，是由相关领域、相关学科的专家、学者和官员等组成的综合性决策咨询机构，主要作为核心决策系统的辅助和咨询系统，为政府决策提供政策建议与参考，以提高公共政策质量。高校、党政军、社会科学院和民间智库是目前我国智库的四大主要类型①。而且从现实情况来看，智库与决策咨询机制构建已成为我国国家治理体系和治理能力现代化的重要内容②，在很多公共政策制定过程中都发挥了相当重要的作用。

耕地休耕政策除了常规的公共政策属性外，也具有较强的专业属性与技术要求。从前文耕地休耕政策议程设置过程来看，高校学者、政府官员、人大代表等在耕地休耕政策制定过程中都发挥过一定的作用。未来在进行耕地休耕政策完善与设计时，除了要继续发挥这些主体的作用外，也要吸引更多的利益主体参与进来。特别是在国家新型智库建设的背景下，要将不同学科、不同领域的智囊网络纳入耕地休耕政策方案的咨询系统中，让智库参与耕地休耕政策的制定（见图 7-3）。由于智库通常是由行业精英、领域模范等高水平的专家组成，受外界的干扰相对较少，而且站在公共政策制定的最前沿③，将智库纳入耕地休耕政策制定过程中，能够有效发挥智库的专业优势，为国家和地方政府耕地休耕政策制定提供兼具实效性和前瞻性的“点子”，使制定出来的耕地休耕政策更加符合社会实际和公众需求，也能够在一定程度上增强耕地休耕政策过程的民主性与科学性。

---

① 上海社会科学院智库研究中心项目组. 中国智库影响力的实证研究与政策建议 [J]. 社会科学，2014，4：4-21.

② 贾品荣，伊彤. 国家科技政策智库咨询能力建设的路径模式 [J]. 情报杂志，2017，36 (1)：59-65，34.

③ 陈振明. 政策科学与智库建设 [J]. 中国行政管理，2014，5：11-15.

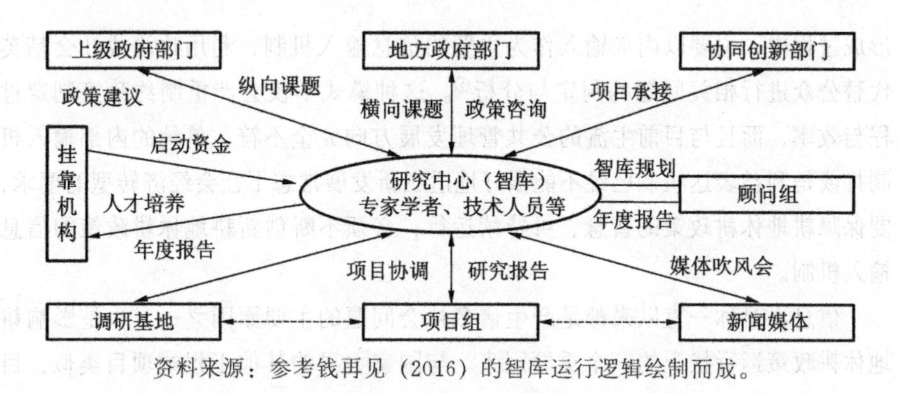

资料来源：参考钱再见（2016）的智库运行逻辑绘制而成。

图 7-3　耕地休耕政策过程中智库的运行机制

为更好地发挥智库在耕地休耕政策制定过程中的作用，需要重点做好以下两个方面的工作。首先要保证智库的独立性。独立性是增强智库影响力、获得高质量研究成果的基本前提和重要保障，主要包括隶属关系独立性、资金来源独立性和研究过程独立性三个方面的内涵①。相应地，在耕地休耕政策完善的智库建设过程中，可以通过制定科学的智库研究项目立项机制、规范的智库资金管理机制和公正的智库成果评审机制来增强其独立性。其次是智库地位的合法化，一旦与耕地休耕及其政策安排相关的决策咨询机构成立，这个机构往往需要国家对其进行认定，以获得有影响、有权威的公共政治身份，特别是国家要根据耕地休耕实际情况，严格控制相同类型咨询机构的规模与数量，避免耕地休耕政策相关信息传输的无序与混乱。需要指出的是，作为我国一种新兴的政策安排，在耕地休耕政策的制定过程中，除了要充分发挥智库的作用，以智库为载体，重视耕地休耕政策相关问题与经验的积累外，还要在智库的支持下，加强耕地休耕政策过程中关键问题和重要技术的突破。

7.2.3　提升政府耕地休耕信息获取的能力

从耕地休耕政策议程设置过程及调研所获得的相关资料来看，耕地休耕政策制定过程实际上存在着一个公共政策制定的共性问题，即在耕地休耕政策的

① 田野，陈海龙，吕运．中国特色新型智库的独立性问题研究［J］．经济与社会发展，2017，3：64-67.

形成过程中，主要以内部输入作为主要的信息输入机制，利用政治或社会精英代替公众进行相关问题的判定与分析①。这种模式不仅会严重制约政策制定过程与效率，而且与目前主流的公共管理发展方向完全不符。单纯的内部输入机制抑或是利益表达机制已经不能很好地适应新发展常态下社会经济转型的要求，要保障耕地休耕政策的智慧、可持续运行，必须不断创新耕地休耕政策的信息输入机制。

信息不对称一直以来都是产生诸多社会问题的主要原因之一，也是影响耕地休耕政策运行状况的一个重要因素。与国家主导的其他工程或项目类似，目前国家试点的耕地休耕项目依然采用的是"自上而下，层层落实"的方式，由国家、省、市、县等各级政府和农业管理部门逐层下达耕地休耕计划和具体的规划设计，由村集体和相关企业、社会组织等组织实施。比如湖南省实行的就是整村推进或整组推行模式，休耕区域的农户只是被动参与，甚至项目区的很多管护工作都是交由企业或社会组织来完成。耕地休耕政策同时也可以看成是助推乡村振兴及新农村建设的重要力量，但是如果不能充分发挥最终作用主体的力量，所形成的政策质量也会大打折扣。

在未来进行耕地休耕政策调整与完善时，要多听取耕地休耕政策主要目标对象的声音，特别是农户的需求与意愿，落实并强化耕地休耕后续政策的多主体参与机制，探索建立"自上而下"与"自下而上"有机结合的耕地休耕政策制定路径，通过对耕地休耕政策试点经验的全面总结与科学研判，明确耕地休耕政策的主要发展方向与突破重点。具体而言，要充分利用先进的互联网技术与手段，构建多元化、多层次的耕地休耕政策目标利益群体的需求表达平台，这样不仅能够有效增强目标利益群体对耕地休耕政策的认知度和参与度，而且能够丰富政策主体的信息获取渠道，为耕地休耕政策制定者提供翔实的信息资源，最大限度地压缩耕地休耕政策失误的空间，保证耕地休耕政策制定的有效性。

① 马胜强，吴群芳. 政策输入的政治逻辑——我国政策内输入机制分析 [J]. 学术论坛，2014，3：21-24.

7.3 耕地休耕政策执行过程优化

毛泽东同志曾经说过："如果有了正确的理论，只是把它空谈一阵，束之高阁，并不实施，那么这种理论再好也是没有意义的。"[1] 如前所言，与其他公共政策一样，耕地休耕政策执行实际上也是政策工具选择的管理过程[2]，无论是以"自上而下"还是"自下而上"途径进行耕地休耕政策模式设计，在耕地休耕政策的执行过程中，总是会在能够利用的工具箱中筛选出一种或多种需要的政策工具。"许多公共政策领域的学者已经开始转向把政策执行作为工具选择的一个实例来研究"[3]。根据政策工具视角下耕地休耕政策执行状况的分析结果，耕地休耕政策执行过程优化在很大程度上是政策工具的优化，同时辅以有效的政策宣传、外部监督以及耕地休耕政策执行过程中各部门的有机协调等。

7.3.1 完善耕地休耕政策工具结构

"环境型政策工具使用过溢""供给型政策工具相对弱势""需求型政策工具严重缺位"是目前耕地休耕政策执行过程中政策工具选择的总体特征。未来在出台相关政策时应该在结构上加大对缺失部分或环节的政策制定及实施力度，充分发挥不同政策工具的作用与功能，实现合力最大化。

首先，适当降低耕地休耕政策中环境型政策工具的使用频率，同时完善其内部结构。在耕地休耕政策发展初期，环境型政策工具的投入与使用能够为休耕政策创造有利的发展环境，但是这也意味着供给型与需求型政策工具的使用空间将会被压缩。随着时间的推移，耕地休耕政策的应用范围不断扩展，政策环境以及面临的问题也将会更加复杂，对政策工具选择与使用的要求也会越来越高。未来进行耕地休耕政策调整、完善时，应适当弱化环境型政策工具的运用强度，注重在实践中实现不同类型政策工具的优化组合与创新，形成最大的政策合力。从目前环境型政策工具的使用情况来看，法规管制与目标规划工具所占的比例超过 70%，税收优惠、金融服务工具则相对不足。尽管法规管制、

---

① 摘自：《毛泽东选集》第一卷 [M]. 北京：人民出版社，1991：292.

② 吕志奎. 公共政策工具的选择——政策执行研究的新视角 [J]. 太平洋学报，2006，5：7-16.

③ 迈克尔，拉米什. 公共政策研究——政策循环与政策子系统 [M]. 庞诗，等译. 北京：生活·读书·新知三联书店，2006：273.

目标规划工具可以直接规制耕地休耕政策参与者的行为，但是这种“被动约束”手段并不具有可持续性。未来应该注重多种手段的协同，以发挥环境型政策工具的整体效应，特别是在税收优惠、金融服务方面采取措施，吸引更多的社会组织与企业参与到耕地休耕政策执行过程中。

其次，有效调整耕地休耕政策中供给型政策工具的结构。与环境型政策工具相比，目前耕地休耕政策中供给型政策工具相对不足，但是从休耕政策系统整体来看，其占比也达到40%，能够有效塑造耕地休耕政策的推动力。与环境型政策工具类似，供给型政策工具的内部结构也不均衡，特别是在人才培养方面，政策工具数量为零，这将严重制约耕地休耕政策执行的有效性，未来应该重视耕地休耕政策实施过程中专业人才队伍的培养与建设，借助农业现代化建设及乡村振兴等契机，明确耕地休耕政策实施过程中不同区域、不同阶段的人力资源需求，鼓励地方政府与相关企业、高校共建面向耕地休耕需求的人才培养基地和职业培训体系，增强耕地休耕政策执行过程中人才队伍建设的针对性与实用性。除此之外，发展与耕地休耕相关的公共服务，如建立休耕农户的生产生活监测平台，构建集休耕地信息采集、统计与分析于一体的数据系统等也是未来供给型政策工具结构调整的重要方面。

再次，合理增加耕地休耕政策中需求型政策工具的比重。从选取的耕地休耕政策文本来看，需求型政策工具并未涉及，但是在具体的实践过程中，需求型政策工具实际上有所运用。如湖南省在重金属污染耕地休耕过程中，就通过公开招标形式组织相关企业与机构进行休耕地的翻耕、培肥及后期管护等，未来应该继续支持耕地休耕的服务外包，吸引更多的社会力量参与到耕地休耕过程中，将政府与社会的能量有机结合。也可尝试在我国已有的海外耕地投资项目基础上，根据项目所在地区的农业生产条件，积极研发可供我国耕地休耕政策执行过程中利用的生产技术与作物品种等，并结合国内研究机构或企业的耕地休耕相关技术成果，共同设计出符合我国国情的耕地休耕技术使用规范。特别是要积极学习世界先进的农业生产技术和成熟的耕地休耕做法与经验，并根据我国耕地休耕的实践经验，开展广泛的国际交流与合作，通过自身实践经验总结和国际经验借鉴增强耕地休耕政策的可持续性。

7.3.2 强化耕地休耕政策的宣传与监督

要想所制定出来的耕地休耕后续政策能够有效实施，一个很重要的工作就是要让耕地休耕政策的目标群体对政策内容与安排有较为细致的把握，这就需要借助一些传统媒介及新兴的互联网技术，对耕地休耕政策进行广泛宣传。除了要继续加强耕地休耕政策的宣传力度外，更多的是要创新耕地休耕政策的宣传渠道，综合运用专家讲座、技能培训、橱窗宣传、电视讲话等方式，让耕地休耕政策目标群体能够更好地了解具体政策规定，进而更好地参与到耕地休耕政策的执行过程中。而且，在宣传的同时，要努力增强耕地休耕政策执行中的透明度，探索建立耕地休耕的信息公开制度，各级政府及相关部门应该在不泄露国家机密和影响国家安全的前提下，及时通过互联网、电视、报纸等多种方式向社会公开耕地休耕政策的相关信息，使休耕政策的目标利益群体及社会公众及时掌握耕地休耕政策的执行状况，这对于消除耕地休耕政策执行过程中的公共权力错位具有重要作用。

同时，在耕地休耕政策的执行过程中，由于执行部门人员结构或执行者综合素质的差异，容易导致耕地休耕政策执行的偏差。耕地休耕政策的执行过程实际上是各种资源与利益的博弈过程。耕地休耕政策的执行主体与潜在利益相关者会基于自身的利益诉求，干扰耕地休耕政策执行过程，以从中获取有利于自身的资源或要素。这样必然会导致耕地休耕政策预期目标的偏离，或是目标完全不能实现，使得耕地休耕政策执行过程中外部监督机制的构建显得尤为重要。有学者曾明确指出，完善的监督机制已成为影响政策执行效率的关键因素①。具体来看，在进行耕地休耕后续政策体系设计时，要探索建立一个包括“政策监督主体、对象、程序和内容”等要素在内的耕地休耕政策外部监督机制，完善各种社会监督制度，如舆论监督、社会团体监督、群众自治组织的监督等，实现对耕地休耕的有效约束和全方位监督。

7.3.3 构建耕地休耕政策的协调发展机制

耕地休耕政策的制定与执行都是非常复杂的系统工程，其协调机制的构建既包括主体政策与配套政策的协调，也包括执行过程中各职能部门及不同区域政府关系的协调，本部分重点阐述职能部门及区域协调机制。从现实情况来看，目前耕地休耕政策及具体项目安排基本遵循的是“层层传递与落实”方式，只

① 丁煌．提高政策执行效率的关键在于完善监督机制［J］．云南行政学院学报，2002，5：33-36．

有上级政府或部门的政策安排有序地传递给下级政府或部门，耕地休耕政策才会具有生命力，而上级政府对耕地休耕政策执行情况的把握也有赖于下级政府或部门的支持。同时，耕地休耕政策通常涉及不同的职能部门，如果各部门在分工与合作过程中无法有机协调，很容易导致耕地休耕政策的执行不力。

从国家层面的耕地休耕政策指导意见及调研区域所获得的基础资料来看，各级农业管理部门是推行耕地休耕政策的主导部门。然而，休耕过程中农业管理部门的职能再大，也会有特定的边界。而且只要各部门存在职能分工，将不可避免地产生合作与协调问题。为有效规避耕地休耕政策的“碎片化”问题，需要建立起各部门之间的协调发展机制。从西方发达国家的经验来看，他们通常利用职能机构消减或组建跨机构协作小组等方法来进行职能与权力的重新整合[①]，而我国历次机构改革则通常是划清不同部门的职能边界以及整合相关部门的职能等，2018年两会期间曾引起广泛关注的国务院机构改革就是通过“整合”进行改革深化。在进行耕地休耕后续政策优化或设计时，要根据国务院机构改革的宏观背景，进一步规范与耕地休耕政策相关的机构设置、职能配置与工作流程，建立健全耕地休耕政策决策权、执行权与监督权“相互制约＋相互协调”的发展机制，特别是要加大耕地休耕政策主管部门内部相似或相近职能的整合力度。同时继续强化耕地休耕政策协调小组的制度化建设，提高耕地休耕政策管理的统筹协调能力。

除此之外，在未来耕地休耕政策完善和实施推广过程中，还应该重视区域协调发展机制的构建。无论是从我国社会经济的发展，还是其他公共政策推行的经验来看，加强区域间的协作与互补应该是实现耕地休耕政策有效执行的关键要素之一。尽管我国不同区域实行耕地休耕的现实条件存在较大差异，耕地休耕采用的主要技术及管理模式等也不一致，但是在很多宏观战略层面的安排，如耕地休耕过程中新型人才培养政策、休耕补偿政策、休耕地管理政策等，实际上存在着较大的共性。通过新型、专业农技人才的合作与交流，能够探索出更多、更好的耕地休耕技术与模式，最大化利用人力资源；通过区域间利益补偿协作机制的构建，可以加快区域间耕地休耕各种要素的协作与联动，而且也能够有效增强不同区域休耕补偿政策的合理性。可将区域协作与协调发展作为度量耕地休耕政策有效执行的一个重要指标，也为耕地休耕政策的区域协调机

① 孙迎春. 国外政府跨部门合作机制的探索与研究 [J]. 中国行政管理，2010，7：102-105.

制构建提供一定的内部约束力。

7.4 耕地休耕政策评估过程优化

政策评估在政策发展过程中的重要作用也已经得到了政策制定者和理论研究者的广泛认同。然而，任何一项政策的评估工作都是非常复杂的系统工程。对于目前尚处于发展阶段的耕地休耕政策而言，尽管有一些已经成形的公共政策评估框架和生态工程评估思路可供参考，但是如何将它们有效运用到耕地休耕政策过程中，特别是如何在吸收外部营养的基础上，积极探寻出符合耕地休耕政策自身特性的评估体系与路径显得尤为重要。在政策评估中，通常根据评估者是否来自政府而分成内部评估与外部评估两种类型。其中，内部评估包括政府部门组织的自我评价和上级部门对下级部门的评价，外部评估则是组织独立于政府及相关部门之外的第三方进行评估（马佳铮，2016）。而且从政策评估的实践过程来看，第三方评估已经成为近年来公共政策评估的主要选择。事实上，本书在进行耕地休耕政策评估体系设计及资料搜集对象选取时，也非常注重独立主体的作用，只是单纯地选用专家学者显得范围还不够广泛。未来在耕地休耕政策的不断发展过程中，要同时兼顾内部评估与外部评估两条路径，有序扩大第三方评估主体的范围，通过有效的“内外联动”实现耕地休耕政策的持续优化。

7.4.1 完善耕地休耕政策的内部评估机制

从研究区域省、市、县耕地休耕政策安排来看，还尚未建立起一套完整的耕地休耕政策内部评估框架，也很难对不同政策阶段政府部门的管理行为与绩效进行综合评判。为保障将来耕地休耕政策在全国范围内有序推行，应该重点在组织机构设置和考核体系设计两个方面完善耕地休耕政策的内部评估机制。

首先，成立耕地休耕政策评估工作领导小组，统筹安排评估工作。从研究区域的实际情况来看，在耕地休耕政策实施过程中，省农业委员会会定期组织专家开展评估，但是评估的重点立足于具体的休耕项目，包括休耕区域深翻耕、绿肥种植及其他情况，评估结果也并不能对管理部门、执行部门形成有效约束与激励。而且单纯地由农业部门组织评估缺乏坚强的后盾支持，组织协调能力也有限。未来可尝试在中央、省、市等层面分别成立耕地休耕政策评估领导小组，统筹部署各级政府的耕地休耕政策评估工作。以省级层面为例，省级耕地休耕政策评估领导小组由分管农业的副省长担任组长，省农业管理部门、国土管理部门、财政管理部门和环境保护部门的主要领导任副组长，其他省直机关的主要领导任组员，为耕地休耕政策不同阶段、不同内容的评估提供强有力的组织保障。

其次，确定耕地休耕政策内部评估的核心指标。对不同层次政府及相关职能部门的考核评估是目前耕地休耕政策运行过程中的常规性工作，也是耕地休耕后续政策完善的一个重要方向。从所掌握的资料来看，政府视角下的政策绩效考核与评估大多遵循这样的思路：首先构建出一套多层次的考核指标体系，然后通过相关方法确定不同指标的权重，通过多因素加总得到一个总分数[①]，并以此作为评判政府行为与绩效的主要依据。在耕地休耕政策内部评估的具体操作过程中，除了这种常规的多重指标叠加思路外，更多的是要创造性地设计出一些符合时代发展趋势的指标体系，摒弃一些本就属于各级政府部门或相关部门职能之内的工作，重点突出耕地休耕政策过程中一些不可触碰的红线指标，如休耕区域未经科学论证、发生强制休耕行为等，通过“减法”而不是传统的“加法”思路实现内部评估。

7.4.2 设定耕地休耕政策的外部评估机制

外部评估可以有效弥补政府自我评估机制的弊端与不足，是耕地休耕政策内部评估的重要补充，与内部评估有着同等的地位。将外部评估机制引入耕地休耕政策评估中，关键是要明晰耕地休耕政策外部评估的主客体与基本流程。

首先，明确耕地休耕政策外部评估的主体。从已有的其他政策领域的外部评估实践来看，以高校或者研究机构的专家学者为核心组成的学术评估机构、市场化运作的专业咨询机构、普通民众等是目前公共政策外部评估主体的主要类型[②]。这些主体在特定政策中的参与程度及评估的独立性、专业性等方面都

---

① 如贵州省发布的耕地休耕试点工作评估文件就是单纯的逐条改打分汇总。详见：关于印发《贵州省耕地休耕制度试点考核办法》的通知 http://www.qagri.gov.cn/zwgk/xxgkml/snwwj/qnbf/201710/t20171026_2940773.html.

② 徐双敏，李跃. 政府绩效的第三方评估主体及其效应 [J]. 重庆社会科学，2011，9：118-122.

存在明显差异，但是为休耕政策外部评估主体选择提供了重要参考。从理论上来说，在进行耕地休耕政策外部评估时，相对独立的第三方能够凸显评估过程的公正性与科学性。但是为充分发挥不同主体的优势，在具体的实践过程中，可在学术评估机构和专业咨询机构的主导下，探索建立耕地休耕政策外部评估的多主体运行机制，充分发挥不同主体的优势，进一步提升评估结果的公信力和可信度。

其次，明确耕地休耕政策外部评估的对象与主要内容。根据政策的生命周期理论[①]，外部评估应该是对耕地休耕政策全过程的评估，包括耕地休耕政策源头、过程和结果评估。源头评估是判断耕地休耕政策的落地是否符合区域发展实际，即耕地休耕政策制定与不同空间单元的契合程度，只有真正回应了社会需求和公众关切，耕地休耕政策的各种要素投入才会发挥效用。过程评估是对耕地休耕政策执行过程的综合考量，包括围绕休耕政策本身及耕地休耕行为而产生的一系列行为的综合，其中，对耕地休耕政策主管部门职能运用及落实情况应该是过程评估的重要内容。结果评估主要是考察耕地休耕政策的各种投入产出状况，特别是耕地休耕政策社会与生态价值的实现程度。第三方评估主体应该建立一个包含耕地休耕政策目标群体主观感受等在内的多维评估体系，客观、全面地掌握耕地休耕政策的执行效果。

再次，规范耕地休耕政策外部评估的基本流程。图 7-4 是参照相关文献绘制而成的耕地休耕政策外部评估流程图，主要包括评估内容洽谈、合同签订、开展评估、评估资料处理及结果运用，在每一个阶段都有着特定的工作规范。在洽谈阶段，委托方应该明确耕地休耕政策评估的目标、内容及其他注意事项，并为受托方提供相应的基础材料，由受托方形成初步的评估方案；在签订合同时要明确双方的权责及具体的耕地休耕政策评估细节，受托方进一步完善休耕政策评估方案；在开展评估时，委托方要在不干扰评估具体过程的同时，做好协调工作，尽可能地为受托方提供丰富而真实的第一手资料；评估报告是外部评估的最终成果表现形式之一，由受托方经过大量的基础调研和科学论证后形成，最终形成的评估结果将会是耕地休耕政策制定者后续决策的重要参考材料。

---

① 马海韵. 政策生命周期：决策中的前瞻性考量及其意义 [J]. 安徽师范大学学报（人文社会科学版），2012，40（3）：348-352.

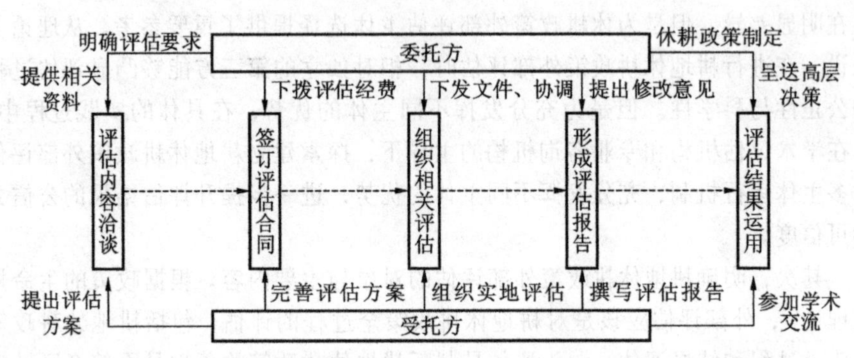

资料来源：参考汪三贵等（2016）的扶贫开发绩效评估框架绘制而成。

图 7-4 耕地休耕政策外部评估的基本流程

7.4.3 实现内部评估与外部评估的有效联动

耕地休耕政策内部评估与外部评估的结合实际上是一个有效捏合各自优势的过程，通过外部评估的过程与结果重新审视内部评估效应，政府部门则通过资金投入、政策规范等为外部评估提供良好的保障。

首先，设立耕地休耕政策评估专项资金。无论是耕地休耕政策的内部评估还是外部评估，都需要开展大量的基础性工作，如实地考察、现场访谈、召开座谈会、听证会、问卷调查等，以获得丰富而有效的评估资料与数据，而这些都离不开政府财政资金的有力保障。各级政府应该将耕地休耕政策评估经费纳入年度财政预算中，同步编制耕地休耕政策评估年度工作计划和财政预算，根据评估计划合理安排、确定耕地休耕政策评估经费，并设计出规范的评估资金管理制度，做到专款专用。

其次，制定《耕地休耕政策评估实施办法》。原农业部办公厅在 2017 年就发布了《耕地轮作休耕制度试点考核办法》（农办农〔2017〕26 号），但是从其内容安排来看，如组织领导、任务落实、指导服务、督促检查、总结宣传等，实际上属于内部评估范畴，而且同时考察轮作、休耕两种模式。为有效推进耕地休耕政策评估的制度化、规范化以及独立性，可考虑以中央耕地休耕政策评估工作领导小组为核心，同时组织土地管理、农业经济管理、公共政策及法律等领域的专家，研究制定出指导性和可操作性强、适用性广的耕地休耕政策评估实施办法，明确规定耕地休耕政策评估的主体、原则、程序、方法等核心内容，同时规范耕地休耕政策评估报告的撰写，为开展科学、全面的耕地休耕政策评估提供具体的政策法规支持。

再次，建立有效的耕地休耕政策评估行业规范。为增强外部评估的权威性和公正性，政府管理部门可联合相关社会组织，在耕地休耕政策评估实施办法的基础上，进一步明晰包含评估者资格认证、操作规程、行业收费等在内的耕地休耕政策评估规范，建立一套科学、完整的耕地休耕政策评估组织遴选机制，保证休耕政策评估主体有据可循。同时将休耕政策评估的行业管理职能交给专业的管理机构，避免政府部门与第三方评估者形成“甲方”与“乙方”式关系，增强第三方评估的独立性，形成政府部门“掌舵”与专业管理机构“划桨”的运行机制。

7.5 本章小结

本章通过综合考虑耕地休耕政策议程设置、政策执行状况，特别是在第六章实证分析的基础上，认为耕地休耕政策制定过程优化和执行过程优化应该是耕地休耕政策优化的主要方向。同时根据本书的研究主题，指出耕地休耕政策评估也是耕地休耕后续政策完善的一个重要内容。由此形成了“政策制定过程优化＋政策执行过程优化＋政策评估过程优化”的耕地休耕政策优化路径，而且这三条路径也与政策过程理论的基本内涵相吻合。

具体而言，耕地休耕政策制定过程优化的策略主要包括通过强化耕地休耕政策顶层设计、健全耕地休耕政策决策咨询机制和提升政府更多休耕信息获取能力；耕地休耕政策制定过程优化的策略主要包括完善耕地休耕政策工具结构、强化耕地休耕政策宣传与监督和构建耕地休耕政策的协调发展机制；耕地休耕政策评估过程优化的策略主要包括完善耕地休耕政策内部评估机制、设定耕地休耕政策外部评估机制和实现内部评估与外部评估的有效联动。

第 8 章　结论与展望

自中共十八届五中全会提出探索实行耕地轮作休耕制度试点以来，耕地休耕已成为目前乃至未来很长一段时间内我国管理学、地理学、生态学、社会学等领域关注的热点和焦点话题，围绕该主题相关问题开展研究具有很强的现实性和一定的前瞻性。本书立足于当前既有研究成果和耕地休耕政策的实际运行情况，将研究主题定位在耕地休耕政策评估上，综合运用土地科学、政策科学、系统科学等多学科的理论与方法，在对耕地休耕政策议程设置过程及政策工具应用情况等进行系统考察后，参照美国著名政策学家费希尔教授提出的事实与价值融合的评估思路，构建了耕地休耕政策评估的基础框架及具体指标体系。并在对常用的政策评估量化方法进行比较分析后，选用系统动力学方法构建了耕地休耕政策评估的量化模型。最后以湖南省为实证分析对象，对湖南省重金属污染耕地治理式休耕政策进行评估，并提出了具体的优化路径与策略，可以为耕地休耕政策在更大规模的推广实施及可持续运行提供理论支持与参考。

8.1　研究结论

第一，耕地休耕政策议程是政策企业家在政策窗口开启时推动问题、政策和政治三大源流汇合的结果。耕地休耕政策议程的问题源流主要指耕地休耕问题如何被构建，从现实情况来看，主要包括“耕地质量退化严重”“粮食储备库存过大”“社会焦点事件的转化及现行相关政策的反思反馈”。政策源流是指耕地休耕政策建议的筛选，这些建议通常来自相关领域的专家学者、政府官员、大众媒体、社会公众等利益相关者，其中又以专家学者为主。政治源流是指耕地休耕政治环境的变化，特别是国家推行生态文明建设战略给耕地资源数量保护、生态维护及可持续利用等提出了新的要求。三股源流的共同作用为耕地休耕议题进入决策议程提供了基础和条件，最终在中国共产党第十八届五中全会上实现了“政策之窗”的开启，同时在学者、政府官员等政策企业家的参与及软化下，三大源流之间建立起有效的联动机制，耕地休耕问题正式上升到决策议程，耕地休耕政策也很快进入了新的发展阶段。

第二，政策工具的选择和使用是实现耕地休耕政策预期目标的重要途径，也是分析耕地休耕政策执行状况的有效手段。借鉴罗斯威尔和泽格费尔德的理论，将耕地休耕政策体系所涉及的基本政策工具分为环境型、供给型和需求型三种，并将其作为分析耕地休耕政策的X维度，同时结合“服务链理论”，将耕地休耕政策看成是中央政府向社会公众提供生态公共物品的过程，构建包括资源捐赠、资源递送、服务提供和服务监管在内的耕地休耕政策分析的Y维度，由此形成耕地休耕政策的二维分析框架。进而根据内容分析法的基本原理，以《探索实行耕地轮作休耕制度试点方案》为分析样本，通过内容编码、统计描述、交互分析等手段分析耕地休耕政策工具分布数量与组合结构的差异，发现环境型政策工具使用过溢，供给型政策工具相对弱势，需求型政策工具则严重缺位，同时相关政策安排对耕地生态物品供应、服务的各个阶段都进行干预，为耕地休耕及农业现代化等提供多方面的规制与激励。

第三，耕地休耕政策评估实际上是以目标为联结的事实维度与价值维度的结合，可从项目验证、情景确认、社会论证和社会选择四个层面进行度量与分析。从现代意义上的政策评估范式演进过程来看，系统的耕地休耕政策评估应该包括事实维度和价值维度两个层面的内容，二者缺一不可，共同构成一个相对完整的耕地休耕政策评估框架。在此基础上，根据费希尔教授提出的事实与价值结合的全新政策评估思路，提出了“项目验证＋情景确认＋社会论证＋社会选择”的耕地休耕政策评估框架。其中，项目验证是检验耕地休耕政策是否完成了既定目标，包括耕地休耕政策的实施效果以及耕地休耕政策效果的充分性，主要通过耕地休耕过程中农户经济收入和其他一些主观性感受的变化，判断耕地休耕政策的即时效果。情景确认是考察耕地休耕政策目标是否适合特定问题的情景，主要从耕地休耕政策形成的必要性、政策目标的明确性、政策内容的科学性和政策保障的完备性来衡量。社会论证是评估耕地休耕政策目标是否与社会的基本发展理念及已有的社会格局相匹配或相容，是否对社会整体有方法性或贡献性的价值，是否会导致具有重要社会后果的问题等，主要从耕地休耕政策的社会响应和社会生产力两个方面进行分析。社会选择主要是判断耕地休耕政策是否公平地解决问题以及是否具有可推广性。

第四，系统动力学的研究对象与耕地休耕政策的复杂系统特征极为吻合，为耕地休耕政策量化评估提供了技术支持。耕地休耕政策形成和实施过程中所形成的社会网络结构和行为选择等都表现出高度的不确定性，由此导致耕地休耕政策本身及其作用系统也充满了由诸多不确定性而引发的复杂性，这与系统动力学的研究对象一致。而且，与层次分析、模糊数学分析、数据包络分析、结构方程分析等常用的政策评估量化方法相比，利用系统动力学方法不仅可以在宏观层面把握耕地休耕政策系统的整体状况，而且可以有效揭示出耕地休耕政策系统内部各个要素之间的作用关系，特别是借助系统动力学模型可以模拟不同情景下耕地休耕政策系统的发展趋势，为耕地休耕后续政策完善与优化提供重要参考。在阐述了系统动力学对耕地休耕政策评估的适用性后，根据系统动力学的建模原理，分别构建出项目验证、情景确认、社会论证和社会选择系统的因果关系图，设计出耕地休耕政策评估系统流图，并根据流图的基本框架和主要反馈关系，设定了四个状态变量，六个速率变量和诸多辅助变量的方程，为耕地休耕政策量化评估奠定了基础。

第五，湖南省耕地休耕政策运行状况较好。综合考虑目前我国耕地休耕政策的总体发展情况，选取湖南省作为本书的实证研究区域，并根据研究目的和所构建的耕地休耕政策评估指标体系，分别设计出针对休耕区“村集体”“农户”和“管理部门/执行部门/专家学者”的访谈提纲及调查问卷，在长沙市长沙县、宁乡市，株洲市茶陵县、醴陵市和湘潭市湘乡市随机选取了16个样本村，共收集有效农户问卷305份，“管理部门/执行部门/专家学者”问卷80份，整理得到湖南省耕地休耕政策评估SD模型主要变量的初始值，并对现行政策安排下湖南省耕地休耕政策系统进行了模拟仿真。发现在湖南省耕地休耕政策实施初期，耕地休耕政策系统正熵量的发展势头明显好于负熵量，负熵流不足以抵消正熵量的增长，耕地休耕政策实施难度较大。但是随着时间的推移，耕地休耕政策系统逐渐由早期的无序状态转变为一种在功能上或时空上的有序状态，耕地休耕政策运行内部要素日趋完整，外部环境也不断好转。且项目验证、情景确认、社会论证和社会选择四个子系统的模拟曲线也都表现出早期增长缓慢，而中、后期不断增长的态势，意味着湖南省现行的耕地休耕政策安排能够在一定程度上改善目标利益群体福利，也有利于社会的整体发展。

第六，政策制定过程优化、执行过程优化和评估过程优化是耕地休耕后续政策完善与优化的主要路径。在对现状条件下湖南省耕地休耕政策系统进行仿真分析后，将耕地休耕政策制定和执行作为系统调控变量，并根据所构建的耕地休耕政策评估指标体系确定具体的休耕政策制定指标和执行指标。共设定了"政策制定指标提升10%，其他指标不变""政策制定指标提升20%，其他指标不变""政策执行指标提升10%，其他指标不变""政策执行指标提升20%，其他指标不变""政策制定和执行指标均提升10%，其他指标不变"和"政策制定和执行指标均提升20%，其他指标不变"六种方案进行情景模拟，发现无论是单纯的政策制定指标优化、执行指标优化，还是两种类型指标的组合优化，都能够有效促进耕地休耕政策的发展，且优化幅度越高，这种作用效果越明显。并据此，提出将耕地休耕政策制定过程优化和执行过程优化作为未来耕地休耕政策优化的主要内容，并结合本书的研究主题，最终形成"制定过程优化＋执行过程优化＋评估过程优化"的耕地休耕政策优化路径。分别从强化耕地休耕政策顶层设计、健全耕地休耕政策决策咨询机制和提升政府耕地休耕信息获取能力三个方面探讨了政策制定过程优化的主要策略。从完善耕地休耕政策工具结构、强化耕地休耕政策宣传与监督、构建耕地休耕政策的协调发展机制三个方面分析了政策执行过程优化的主要策略。从完善耕地休耕政策内部评估机制、设定耕地休耕政策外部评估机制以及实现内部评估与外部评估的有效联动三个方面阐述了政策评估优化的主要策略。

8.2 研究创新

第一，开展公共管理视域下耕地休耕问题的分析与研究是本书的新视角。耕地休耕是在生态环境、粮食安全等约束条件下，破解区域耕地利用、粮食生产困境的政策选择，也是目前乃至未来很长一段时间内我国土地管理工作的核心内容之一。然而，从已有研究来看，目前学者们主要从制度经济学、地理学、生态学、社会学等学科视角出发，或探讨耕地休耕过程中的制度规范，或揭示耕地休耕所导致的社会经济及生态环境效应，或分析耕地休耕过程中的农户行为选择等，研究视角还有待丰富。从现实情况来看，作为公共管理下设二级学科，土地资源管理专业与学科内其他专业的融合程度并不高，很多土地问题的分析多基于地理学、经济学等学科框架展开，探寻土地资源管理与公共管理学科内部其他专业之间的共性特征及协同发展路径，丰富土地问题的研究思路与视角，一直以来都是很多土地管理研究者关注的问题。本书将耕地休耕问题置于公共政策分析框架下，聚焦耕地休耕政策本身及其所产生的效应，在国家战略高度和全局视野下对耕地休耕政策进行系统解构与评估，是对现有耕地休耕问题研究视角的有效扩展。

第二，设计出系统、完整的耕地休耕政策评估思路与框架是本书的新内容。耕地休耕政策评估在增强政策灵活性及耕地休耕制度构建等方面的作用已经引起了很多学者的关注，他们主张通过第三方对耕地休耕政策实施后所产生的耕地地力变化及生态、社会、经济效益等进行综合评估，以及时、有效地调整耕地休耕政策。这实际上属于政策效果评估范畴。本书在对现代意义上的政策评估范式演变过程进行分析后，认为在进行耕地休耕政策评估时，除了要考虑政策所产生的现实影响及具体效果外，也要注重对休耕政策本身及政策执行所采取的手段、方法等的评估，在耕地休耕政策目标的联结下，形成“目标＋工具＋结果”的事实评估路径和“价值＋问题＋目标”的价值评估路径，并据此构建出了基于事实与价值的耕地休耕政策“项目验证＋情景确认＋社会论证＋社会选择”评估框架，根据不同评估形式的内涵设计出了相对完整的评估指标体系及量化模型，是对现有耕地休耕问题研究内容的有效补充。

第三，构建耕地休耕后续政策优化、完善的具体路径及策略是本书的新应用。土地政策参与宏观调控是我国社会经济发展中的一个重大理论和实践创新，在规范土地管理、推动社会经济转型等方面都起到了重要作用，但是也存在政策执行效果不显著、政策主动性不强等问题。耕地休耕政策的制度安排实际上是一个多重链的委托代理架构，是政府委托农户或新型农业经营主体代理社会或生态公共物品的供给，中央政府委托地方政府及相关职能部门代理休耕工程监督和管理等一系列行为的综合。在这种多环节的委托代理关系链中，涉及利益主体众多，不同主体价值取向、目标设定、行为响应等方面的差异容易导致耕地休耕政策执行异化及目标偏离。本书在利用湖南省的基础资料对所构建的耕地休耕政策评估指标体系及量化模型进行检验后，设定不同情景对耕地休耕政策系统的整体运行情况进行模拟仿真，并据此构建出了耕地休耕后续政策优化的主要路径与策略，对于形成一套具有科学性、系统性、前瞻性的后续耕地休耕政策体系，更好地发挥耕地休耕政策在保障粮食安全、提高耕地质量、修复生态环境、增加农民收入等方面的作用具有重要参考价值。

除此之外，追溯研究内容的理论源头、强调研究方法选取及论证过程的充分性等也是本书的可能创新之处。

8.3 研究展望

第一，就耕地休耕政策评估而言。遵循事实与价值结合的思路，本书构建了耕地休耕政策评估的理论框架与实证模型，具有一定的理论价值和现实意义。然而，由于耕地休耕政策目前尚处于试点和发展阶段，基础资料相对匮乏，这在一定程度上影响了本书的评估体系设计及方法选择。随着耕地休耕政策的不断发展与完善，各类基础资料的建档、存档工作将日趋成熟，这也将为耕地休耕相关问题的研究提供翔实的基础数据支撑。不同研究视角下耕地休耕政策评估指标体系选取及筛选过程的定量表达、基于不同指标属性的耕地休耕政策评估量化模型构建、不同时空尺度耕地休耕政策评估结果的特征与形成机制等都是极富价值且可行的研究点。

第二，就耕地休耕政策本身而言。完整的耕地休耕政策体系应该包含哪些层面的内容就是一个重要的研究命题，在这一命题的指导下，耕地休耕战略与政策体系研究，耕地休耕政策体系构建的路径与机制研究，耕地休耕政策之间的相互作用及其组合策略研究，耕地休耕政策体系优化及演进路径研究，耕地休耕政策与现行耕地保护政策的互容互动机制及协同发展路径等方面的研究都是可供参考的选题。而且，就本书第三章所涉及的耕地休耕政策议程设置及政策工具选择也还可以继续深化，如互联网背景下社会力量参与耕地休耕政策制定过程研究，耕地休耕政策工具的选择模式、执行逻辑及优化策略研究，政策工具视角下国家主导型与地方自发型耕地休耕政策比较研究，耕地休耕政策执行的激励机制及影响机制等。

第三，就单纯的耕地休耕问题而言。除了对现阶段已有耕地休耕实践的思考和研究外，开展目前未休耕地区耕地休耕问题的研究也极具应用前景，将会为国家未来或区域战略安排提供重要的决策参考。特别是对耕地基础地力较目前国家几个休耕试点区域好的粮食主产区[①]而言，由于长期承担着保障国家粮食安全的重任，粮食主产区多种农业生产要素投入已超国际安全上限[②]，粮食增产能力也已接近极限[③]。为增强农业发展后劲，我国粮食主产区耕地资源也亟须休养生息。基于此，持久粮食安全背景下我国粮食主产区耕地休耕潜力测算、休耕地块选择、优先时序安排、实施模式选择及制度构建等都是前瞻性较强的研究方向。

① 根据财政部2003年12月印发的《关于改革和完善农业综合开发政策措施的意见》，河北（冀）、内蒙古（蒙）、辽宁（辽）、吉林（吉）、黑龙江（黑）、江苏（苏）、河南（豫）、山东（鲁）、湖北（鄂）、湖南（湘）、江西（赣）、安徽（皖）、四川（川）13个省份为我国粮食主产区。这些省份大多处于平原或浅丘区，光、热、水资源条件较好，易于耕作和水土保持，适合农作物生长。

② 王珊珊，张广胜，李秋丹，等．我国粮食主产区化肥施用量增长的驱动因素分解［J］．农业现代化研究，2017，38（4）：658-665．

③ 苗珊珊．粮食生产核心区粮食产量“十连增”是否具有可持续性——基于河南省粮食种植结构调整的视角［J］．农林经济管理学报，2015，14（6）：567-576．

参考文献

中文文献

[1]李争,杨俊.鄱阳湖粮食产区农户休耕意愿及影响因素研究[J].广东社会科学,2015,22:162-167.

[2]俞振宁,吴次芳,沈孝强.基于IAD延伸决策模型的农户耕地休养意愿研究[J].自然资源学报,2017a,32(2):198-209.

[3]向慧,杨庆媛,陈展图.基于推拉理论的中国休耕制度国情分析[J].农村经济,2019,7:34-40.

[4]谷茂,潘静娴.论我国耕作制度发展与农业资源高效利用[J].山西农业大学学报,1999,19(3):234-237.

[5]杨怀森.中国古代耕作制度的演变[J].河南职技师院学报,1987,15(1):7-13.

[6]阎万英.我国古代人口因素与耕作制的关系[J].中国农史,1994,13(2):1-7.

[7]孙声如.试论我国古代耕作制度的形成和发展[J].中国农史,1984(1):1-9.

[8]王玉哲.中国上古史纲[M].上海:上海人民出版社,1959.

[9]罗婷婷,邹学荣.撂荒、弃耕、退耕还林与休耕转换机制谋划[J].西部论坛,2015,25(2):40-46.

[10]黄以周.儆季杂著·群经说·释菑[M].江苏南菁讲舍出版社,清光绪20—21年(1894—1895).

[11]刘师培.古政原始论:古历管窥(丛书)刘申叔先生遗书[M].1934年宁武南氏校印,1936.

[12]徐中舒.试论周代田制及其社会性质:并批判胡适井田辨观点和方法的错误[J].四川大学学报(哲学社会科学版),1955,2:51-90.

[13]杨宽.论西周时代的农业生产[J].学术月刊,1957,2:1-10.

[14]马宗申.略论"菑、新、畲"和它所代表的农作制[J].中国农史,1981,0:65-72.

[15]陈振中.青铜生产工具与中国奴隶制社会经济[M].北京:中国社会科学出版社,1992:316.

[16]戚其章.从生产力的变化上看中国古代社会的发展:兼评童书业先生对农奴制起源问题的认识[J].中国农史,1957,9:24-28.

[17]郭文韬.略论中国原始农业的耕作制度[J].中国农史,1991,4:32-36.

[18]王仲荦.春秋战国之际的村公社兴休耕制度[J].文史哲,1954,5:36-42.

[19]刘巽浩.中国耕作制度[M].北京:农业出版社,1993.

[20]陈桂权,曾雄生.我国农业轮作休耕制度的建立:来自农业发展历史的经验和启示[J].地方财政研究,2016,7:87-103.

[21]黄毅,邓志英.中国农地轮作休耕:制度与实践[J].农业经济,2018,1:12-14.

[22]牛纪华,李松梧.农田休耕的必要性及实施构想[J].农业环境与发展,2009,2:27-28.

[23]黄国勤,赵其国.轮作休耕问题探讨[J].生态环境学报,2017a,26(2):357-362.

[24]黎东升,曾靖.经济新常态下我国粮食安全面临的挑战[J].农业经济问题,2015,5:42-47.

[25]陈印军,方琳娜,杨俊彦.我国农田土壤污染状况及防治对策[J].中国农业资源与区划,2014,35(4):1-5,19.

[26]徐明岗,卢昌艾,张文菊,等.我国耕地质量状况与提升对策[J].中国农业资源与区划,2016,37(7):8-14.

[27]韩长赋."十二五"时期发展粮食生产的基本思考[J].求是,2011,3:32.

[28]付国珍,摆万奇.耕地质量评价研究进展及发展趋势[J].资源科学,2015,37(2):226-236.

[29]李秀彬.中国近20年来耕地面积的变化及其政策启示[J].自然资源学报,1999,4:329-333.

[30]蔡运龙.中国经济高速发展中的耕地问题[J].资源科学,2000,22(3):24-28.

[31]吴克宁,李晶辉,吕巧灵,等.城市化过程中郊区耕地变化及驱动力分析:以郑州市为例[J].河南农业科学,2006(6):72-75.

[32]卢新海,黄善林.我国耕地保护面临的困境及其对策[J].华中科技大学学

报(社会科学版),2010,24(3):79-84.

[33]李效顺,蒋冬梅,卞正富.基于粮食安全视角的中国耕地资源盈亏测算[J].资源科学,2014,36(10):2057-2065.

[34]谭永忠,何巨,岳文泽,等.全国第二次土地调查前后中国耕地面积变化的空间格局[J].自然资源学报,2017,32(2):186-197.

[35]赵其国,周生路,吴绍华,等.中国耕地资源变化及其可持续利用与保护对策[J].土壤学报,2006,43(4):662-672.

[36]张元红,刘长全,国鲁来.中国粮食安全状况评价与战略思考[J].中国农村观察,2015,1:2-93.

[37]翟文侠,黄贤金.我国耕地保护政策运行效果分析[J].中国土地科学,2003,17(2):8-13.

[38]钱忠好.耕地保护的行动逻辑及其经济分析[J].扬州大学学报(人文社会科学版),2002,6(1):32-37.

[39]蔡运龙,霍雅勤.耕地非农化的供给驱动[J].中国土地,2002(7):20-22.

[40]吴次芳,谭永忠.制度缺陷与耕地保护[J].中国农村经济,2002(7):69-73.

[41]刘彦随,乔陆印.中国新型城镇化背景下耕地保护制度与政策创新[J].经济地理,2014,34(4):1-6.

[42]陈展图,杨庆媛.中国耕地休耕制度基本框架构建[J]中国人口·资源与环境,2017,27(12):126-136.

[43]杨文杰,巩前文.国内耕地休耕试点主要做法、问题与对策研究[J].农业现代化研究,2018,39(1):9-18.

[44]陈振明.政策科学:公共政策分析导论[M].北京:中国人民大学出版社,2003.

[45]牟杰,杨诚虎.公共政策评估:理论与方法[M].北京:中国社会科学出版社,2006.

[46]谢明.公共政策导论[M].北京:中国人民大学出版社,2012.

[47]饶静.发达国家“耕地休养”综述及对中国的启示[J].农业技术经济,2016,9:118-128.

[48]杨庆媛,信桂新,江娟丽,等.欧美及东亚地区耕地轮作休耕制度实践:对比与启示[J].中国土地科学,2017,31(4):71-79.

[49]寻舸,宋彦科,程星月.轮作休耕对我国粮食安全的影响及对策[J].农业

现代化研究,2017,38(4):681-687.

[50]戴伊.自上而下的政策制定[M].鞠方安,吴忧,译.北京:中国人民大学出版社,2002:203-204.

[51]安德森.公共决策[M].北京:华夏出版社,1990:183.

[52]陈世香,王笑含.中国公共政策评估:回顾与展望[J].理论月刊,2009,9:135-138.

[53]林水波,张世贤.公共政策[M].台北:五南图书出版公司,1997.

[54]谢明.公共政策导论[M].北京:中国人民大学出版社,2004.

[55]陈庆云.公共政策分析[M].北京:北京大学出版社,2006.

[56]陈振明.公共政策分析[M].北京:中国人民大学出版社,2002.

[57]辛传海.公共管理学[M].北京:对外经济贸易大学出版社,2007.

[58]张成福,党秀云.公共管理学[M].北京:中国人民大学出版社,2001.

[59]张金马.公共政策分析:概念·过程·方法[M].北京:人民出版社,2004.

[60]严强.公共政策学[M].北京:社会科学文献出版社,2008.

[61]周建国.从单一到聚合:政策评估模式转变的研究:基于南水北调移民政策评估的案例[M].北京:中国人事出版社,2001.

[62]高兴武.公共政策评估:体系与过程[J].中国行政管理,2008,2:58-62.

[63]陈玉龙.公共政策评估的演进:步入多元主义[J].青海社会科学,2017,4:64-69.

[64]匡跃辉.科技政策评估:标准与方法[J].科学管理研究,2005,6:62-65.

[65]薛二勇,李廷洲.义务教育师资城乡均衡配置政策评估[J].教育研究,2015,8:65-73.

[66]俞立平,章美娇,王作功.中国地区高技术产业政策评估及影响因素研究[J].科学学研究,2018,36(1):28-36.

[67]宋国君,金书秦,冯时.论环境政策评估的一般模式[J].环境污染与防治,2011,33(5):100-106.

[68]韩冬,唐健,韩立达.基于SI&CU分析的成都市集体建设用地流转政策评估[J].中国土地科学,2012,26(8):3-9.

[69]郭巍青,卢坤建.现代公共政策分析[M].广州:中山大学出版社,2000.

[70]廖筠.公共政策定量评估方法之比较研究[J].现代财经,2007,10:67-70.

[71]易剑东,袁春梅.中国体育产业政策执行效力评价:基于模糊综合评价方法的分析[J].北京体育大学学报,2013,36(12):6-10,29.

[72]卫梦星.基于微观非实验数据的政策效应评估方法评价与比较[J].西部论坛,2012,22(4):42-49.

[73]张慧芳,吴宇哲,何良将.我国推行休耕制度的探讨[J].浙江农业学报,2013,25(1):166-170.

[74]李凡凡,刘友兆.中国粮食安全保障前提下耕地休耕潜力初探[J].中国农学通报,2014,30(S):35-41.

[75]崔和瑞,孟祥书.基于休耕轮作的人与自然和谐的农村生态环境的构建[J].中国农学通报,2006,22(12):502-504.

[76]黄国勤,赵其国.江西省耕地轮作休耕现状、问题及对策[J].中国生态农业学报,2017b,25(7):1002-1007.

[77]徐文斌,徐伟,邹秋华.浅析耕地质量可持续发展的保护措施[J].资源节约与环保,2014,(9):33.

[78]郑兆山.建立我国土地休耕制度的必要性及其保障措施[J].中国农业银行武汉培训学院学报,2002(1):77-79.

[79]江娟丽,杨庆媛,阎建忠.耕地休耕的研究进展与现实借鉴[J].西南大学学报(自然科学版),2017,39(1):165-171.

[80]揣小伟,黄贤金,钟太洋.休耕模式下我国耕地保有量初探[J].山东师范大学学报(自然科学版),2008,23(3):99-102.

[81]赵其国,滕应,黄国勤.中国探索实行耕地轮作休耕制度试点问题的战略思考[J].生态环境学报,2017a,26(1): 1-5.

[82]柳荻,胡振通,靳乐山.华北地下水超采区农户对休耕政策的满意度及其影响因素分析[J].干旱区资源与环境,2018,32(1):22-27.

[83]朱立志,方静.德国绿箱政策及相关农业补贴[J].世界农业,2004,1:30-32.

[84]尤君庭.台湾农地休耕政策现况之研究——以虎尾镇为例[D].台中:中兴大学,2011.

[85]陈先浪.基于产能核算和效率分析的耕地休养分区研究:以洪雅县为例[D].成都:四川师范大学,2016.

[86]詹丽华.基于耕地质量等别的耕地休养对粮食安全影响研究[D].杭州:

浙江大学,2016.

[87]赵云泰,黄贤金,钟太洋,等.区域虚拟休耕规模与空间布局研究[J].水土保持通报,2011,5:103-107.

[88]钱晨晨,黄国勤,赵其国.中国轮作休耕制度的应用进展[J].农学学报,2017,7(3):37-41.

[89]王鹏,田亚平,张兆干,等.湘南红壤丘陵区农户经济行为对土地退化的影响:以祁东县紫云村为例[J].长江流域资源与环境,2002,11(4):370-375.

[90]谭秋成.江口库区化肥施用控制与农田生态补偿标准[J].中国人口・资源与环境[J].2012, 22(3):124-129.

[91]张雪靓,孔祥斌.黄淮海平原地下水危机下的耕地资源可持续利用[J].中国土地科学,2014,28(5):90-96.

[92]周振亚,罗其友,李全新,等.中国的节粮空间与粮食安全战略研究[J].世界农业,2015(9):107-111.

[93]杨邦杰,汤怀志,郧文聚,等.分区分类科学休耕 重塑京津冀水土利用新平衡[J].中国发展,2015,15(6):1-4.

[94]孙治旭.关于云南省实行耕地轮作休耕的思考[J].环境与可持续发展,2016,41(1):148-149.

[95]向青,尹润生.美国环保休耕计划的做法与经验[J].林业经济,2006,1:73-78.

[96]HEIMLICH R E.美国以自然资源保护为宗旨的土地休耕经验[J].杜群,译.林业经济,2008,5:72-80.

[97]朱文清.美国休耕保护项目问题研究[J].林业经济,2009,12:80-83.

[98]刘嘉尧,吕志祥.美国土地休耕保护计划及借鉴[J].商业研究,2009,8:134-136.

[99]王晓丽.论生态补偿模式的合理选择:以美国土地休耕计划的经验为视角[J].郑州轻工业学院学报(社会科学版),2012,13(6):69-72.

[100]卓乐,曾福生.发达国家及中国台湾地区休耕制度对中国大陆实施休耕制度的启示[J].世界农业,2016,9:80-85.

[101]吴萍,王裕根.耕地轮作休耕及其生态补偿制度构建[J].理论与改革,2017,4:20-27.

[102]何蒲明,贺志锋,魏君英.基于农业供给侧改革的耕地轮作休耕问题研

究[J].经济纵横,2017,7:88-92.

[103]陈秧分,刘彦随,李裕瑞.基于农户生产决策视角的耕地保护经济补偿标准测算[J].中国土地科学,2010,24(4):4-8,31.

[104]牛海鹏,张杰,张安录.耕地保护经济补偿的基本问题分析及其政策路径[J].资源科学,2014,36(3):427-437.

[105]郑雪梅.我国耕地休耕生态补偿机制构建与运作思路[J].地方财政研究,2016,7:95-104.

[106]谭永忠,赵越,俞振宁,等.代表性国家和地区耕地休耕补助政策及其对中国的启示[J].农业工程学报,2017,33(19):249-257.

[107]尹珂,肖轶.三峡库区消落带农户生态休耕经济补偿意愿及影响因素研究[J].地理科学,2015,35(9):1123-1129.

[108]黄慈爱.农地休耕对乡村景观格局变迁影响之研究[D].台北:台湾大学,2006.

[109]谢花林,程玲娟.地下水漏斗区农户冬小麦休耕意愿的影响因素及其生态补偿标准研究:以河北衡水为例[J].自然资源学报,2017,32(12): 2012-2022.

[110]柳荻,胡振通,靳乐山.基于农户受偿意愿的地下水超采区休耕补偿标准研究[J].中国人口·资源与环境,2019,29(8):130-139.

[111]刘卫柏,杨胜苏,李中,等.重金属污染治理试点地区农户对耕地休耕政策的满意度及其影响因素[J]. 经济地理,2021,41(1):158-164.

[112]魏君英,何蒲明.基于粮食价格的耕地轮作休耕问题研究[J].价格月刊,2017,8:27-32.

[113]俞振宁,谭永忠,吴次芳,等.基于兼业分化视角的农户耕地轮作休耕受偿意愿分析:以浙江省嘉善县为例[J].中国土地科学,2017b,31(9):43-51.

[114]龙玉琴,王成,邓春,等.地下水漏斗区不同类型农户耕地休耕意愿及其影响因素:基于邢台市598户农户调查[J].资源科学,2017,39(10):1834-1843.

[115]陈再添.稻田休耕之执行与检讨[J].台湾农业,1990,26(4):61-64.

[116]李增宗.水旱田利用调整计划与稻田转作计划之比较[J].农政与农情,1997,56:34-40.

[117]谢祖光,罗婉瑜.从台湾休耕政策谈农地管理领域:农地利用管理[C]//2009年海峡两岸土地学术研讨会论文集,2009.

[118]周光明.泗县休耕轮作种植模式与传统种植模式效益分析[J].农业论

坛,2014,3:97-98.

[119]李毅,闫程,马宏阳.长春市合心镇实行适度休耕的经济效益与生态效益分析[J].经贸实践,2015,9:86,88.

[120]马宏阳,王程,李毅.长春市合心镇实施休耕政策中农户补贴模式的探究[J].经济研究导刊,2016,4:8-9.

[121]赵其国,沈仁芳,滕应,等.中国重金属污染区耕地轮作休耕制度试点进展、问题及对策建议[J].生态环境学报,2017b,26(12):2003-2007.

[122]黄国勤,赵其国.中国典型地区轮作休耕模式与发展策略[J].土壤学报,2018,55(2):23-32.

[123]魏淑艳,孙峰."多源流理论"视阈下网络社会政策议程设置现代化:以出租车改革为例[J].公共管理学报,2016,13(2):1-13,152.

[124]孙萍,许阳.我国公共政策议程设置公共性取向的现实偏离及治理[J].理论月刊,2012(6):5-9.

[125]王绍光.中国公共政策议程设置的模式[J].中国社会科学,2006,5:86-99,207.

[126]张海柱.地方政策议程设置的多源流分析:以义乌市出租车改革为例[J].武汉科技大学学报(社会科学版),2016,2:135-141.

[127]贾晋,董明璐.中国粮食储备体系优化的理论研究和政策安排[J].国家行政学院学报,2010,6:99-102.

[128]刘祺,叶仲霖,陈国渊.公共政策价值评估:缘起、概念及测度:一种批判实证主义的评估程式建构[J].东南学术,2011,4:111-119.

[129]郭俊华,曹洲涛.知识产权政策评估体系的建立与推进策略研究[J].科学学与科学技术管理,2010,3:31-38.

[130]焦克源,吴俞权.农村专项扶贫政策绩效评估体系构建与运行:以公共价值为基础的实证研究[J].农村经济,2014,9:16-20.

[131]陈云萍.基于层次分析法的公共政策效果评估:以阜新市经济转型试点政策为例[J].云南财经大学学报,2009,1:133-140.

[132]王翠琴,薛惠元,龙小红.新型农村社会养老保险政策绩效的评估[J].统计与决策,2014,19:115-117.

[133]韩冬,韩立达.城乡建设用地增减挂钩政策评价及对策:以成都市为例[J].国土资源科技管理,2015,32(5):13-19.

[134]赵艳霞,孙凤芹,王菲.基于AHP的耕地保护公共政策分析[J].中国农业资源与区划,2015,36(3):143-148.

[135]宋戈,王兰霞,方斌,等.大城市周边卫星城土地集约利用评价方法研究:以黑龙江省阿城市为例[J].经济地理,2005,25(6):887-890,919.

[136]许素芳,周寅康.开发区土地利用的可持续性评价及实践研究:以芜湖经济技术开发区为例[J].长江流域资源与环境,2006,15(4):453-457.

[137]余亮亮,蔡银莺.耕地保护经济补偿政策的初期效应评估:东、西部地区的实证及比较[J].中国土地科学,2014,28(12):16-23.

[138]张梅.公共图书馆社会价值评估模型构建:基于模糊综合评价法的评估模型研究[J].情报科学,2011,29(2):261-265.

[139]邓远建,肖锐,严立冬.绿色农业产地环境的生态补偿政策绩效评价[J].中国人口·资源与环境,2015,25(1):120-126.

[140]翟文侠,黄贤金.应用DEA分析农户对退耕还林政策实施的响应[J].长江流域资源与环境,2005,14(2):198-203.

[141]朱红波.我国耕地保护政策运行效果与效率分析[J].地理与地理信息科学,2007,23(6):50-53.

[142]谭术魁,周蔓.武汉地区高校对土地集约利用政策的响应[J].资源科学,2012,34(1):143-149.

[143]穆月英,王艺璇.我国农业补贴政策实施效果的模拟分析[J].经济问题,2008,11:87-89.

[144]宁凌,汪亮,廖泽芳.基于DEA的高技术产业政策评价研究:以广东省为例[J].国家行政学院学报,2011,2:99-103.

[145]李伟伟.中国环境治理政策效率、评价与工业污染治理政策建议[J].科技管理研究,2004,17:20-26.

[146]张家瑞,王金南,曾维华,等.滇池流域水污染防治收费政策实施绩效评估[J].中国环境科学,2015,35(2):634-640.

[147]钟太洋,黄贤金,陈逸.基本农田保护政策的耕地保护效果评价[J].中国人口·资源与环境,2012,22(1):90-95.

[148]施建刚,谢波.城市住房用地供应政策对房价干预效果研究:基于上海住房市场的实证分析[J].华东经济管理,2013,27(1):13-17.

[149]薛惠元,曹立前.农户视角下的新农保政策效果及其影响因素分析:基

于湖北省605份问卷的调查分析[J].保险研究,2012,6:119-127.

[150]奉钦亮,覃凡丁,曾宪文.公共政策执行的经济效果的实证研究:集体林权制度改革对广西林农收益影响分析[J].中南林业科技大学学报,2012,32(11):206-210.

[151]李玉新,魏同洋,靳乐山.牧民对草原生态补偿政策评价及其影响因素研究:以内蒙古四子王旗为例[J].资源科学,2014,36(11):2442-2450.

[152]钟晓华."全面二孩"政策实施效果的评价与优化策略:基于城市"双非"夫妇再生育意愿的调查[J].中国行政管理,2016,7:127-131.

[153]董光龙,苏航,郑新奇,等.非高新开发区土地集约利用评价指标体系SEM分析[J].中国土地科学,2012,26(9):35-40.

[154]王云霞,南灵.基于SEM的土地整理项目"三农"效益评价:以陕西省揉谷镇347份农户调查为例[J].中国土地科学,2015,29(3):75-81.

[155]上官彩霞,冯淑怡,陆华良,等.城乡建设用地增减挂钩政策实施对农民福利的影响研究:以江苏省"万顷良田建设"项目为例[J].农业经济问题,2016,11:42-111.

[156]封铁英,熊建铭.新型农村社会养老保险政策效应及其影响因素研究[J].人口与经济,2014,3:117-128.

[157]管婧婧.杭州老年人福利旅游政策研究:一个公共政策评估的视角[J].旅游论坛,2017,10(3):116-124.

[158]段伟,马奔,孙博,等.林业生态工程对山区减贫影响实证分析:一个结构方程模型[J].干旱区资源与环境,2017,31(12):8-12.

[159]徐瑞祥,张永勤,丁建中,等.区域耕地总量动态平衡模型研究:以温州市为例[J].经济地理,2002,22(4):435-439.

[160]李世东.基于SD的退耕还林典型立地优化模式研究[J].北京林业大学学报,2006,2:22-28.

[161]史丹丹.基于系统动力学的耕地保护政策研究[D].杭州:浙江大学,2013.

[162]谭术魁,饶映雪,戴德艺.地方政府土地违法治理政策的仿真研究[J].中国土地科学,2013,27(4):53-59.

[163]范英英,刘永,郭怀成,等.北京市水资源政策对水资源承载力的影响研究[J].资源科学,2005,27(5):113-119.

[164]范厚明,李佳书,丁钦,等.基于系统动力学模型的工业固废管理政策作用仿真[J].环境工程学报,2014,8(6):2563-2571.

[165]阮雅婕,司晓悦,宋丽滢,等.基于系统动力学的“单独二孩”政策仿真研究[J].人口学刊,2015,5:5-17.

[166]钱再见.新型智库参与公共政策制定的制度化路径研究:以公共权力为视角[J].智库理论与实践,2016,1(1):52-61.

[167]马佳铮.政府绩效第三方评估模式的实践探索与优化路径:以中国(上海)自贸区为例[J].上海行政学院学报,2016,17(4):17-25.

[168]汪三贵,曾小溪,殷浩栋.中国扶贫开发绩效第三方评估简论:基于中国人民大学反贫困研究中心的实践[J].湖南农业大学学报(社会科学版),2016,17(3):1-5.

外文文献

[1]ANDERSON J E. Public policy making: an introduction [M]. Boston: Houghton Mifflin, 1990.

[2]BANGSUND D A, HODUR N M, LEISTRITZ F L. Agricultural and recreational impacts of the Conservation Reserve Program in rural North Dakota, USA [J]. Journal of Environmental Management, 2004, 71(4):293-303.

[3]BARR W R, NEWBERG R, SMITH M G. Major economic impact of the Conservation Research on Ohio agriculture and rural communities [R]. Research Bulletin No. 904, Wooster: Ohio Agricultural Experiment Station, 1962.

[4] BAYLIS K, PEPLOW S, RAUSSER G, et al. Agri-environmental policies in the EU and United States: A comparison[J]. Ecological Economics, 2008, 65(4): 753-764.

[5]BENNETT C A, LUMSDAINE A A. Evaluation and experiment: Some critical issues inassessing social programs (Quantative studies in social relations) [M]. New York: Academic Press. Inc. 1976.

[6]BEST L B, CAMPA H, KEMP K E, et al. Grassland bird use of remnant prairie and Conservation Reserve Program fields in an agricultural landscape in Wisconsin [J]. Wildlife Society Bulletin, 1997, 25(4):864-877.

[7]BOARDMAN J, POESEN J. Soil erosion in Europe [M]. New York: John Wiley & Sons, Ltd, 2006.

[8]CARR A B. Long-term versus short-term land retirement [J].American Journal of Agricultural Economics, 2015, 51(5):1524-1527.

[9]CHANG H H, Lambert D M, Mishra A K. Does participation in the Conservation Reserve Program impact the economic well-being of farm households? [J]. Agricultural Economics, Agricultural Economics, 2008, 38 (2): 201-212.

[10]CHENG L, JIANG P H, CHEN W, et al. Farmland protection policies and rapid urbanization in China: A case study for Changzhou City [J].Land Use Policy, 2015, 48(11):552-566.

[11]COOPER J C, OSBORN C T. The effect of rental rates on the extension of Conservation Reserve Program contracts [J]. American Journal of Agricultural Economics, 1998, 80(1):184-194.

[12]DOBBS T L, PRETTY J. Case study of agri-environmental payments: The United Kingdom [J].Ecological Economics, 2008, 65 (4):765-775.

[13]DOELEN V D, FRANS C J. The sermon: information programs in the public policy process: choice, effects and evaluation [M]// Carrots, sticks, and sermons: policy instruments and their evaluation, New Jersey and London: Transaction Publishers, New Brunswick,1998: 103-128.

[14]DRAKEL. The nonmarket value of the Swedish agricultural landscape [J]. The European Review of Agricultural Economics, 1992, 19 (2): 351-364.

[15]DUNN W N. Public policy analysis: an introduction [M]. Beijing: China Renmin University Press, 2011.

[16]DYET R. Understanding public policy [M]. Englewood Cliffs, NJ: Prentice-Hall, 1984.

[17]FEATHER P, HELLERSTEIN D, HANSEN L R. Economic valuation of environmental benefits and the targeting of conservation programs: the case of CRP [J]. Social Science Electronic Publishing, 1999, 36 (15):2445-2453.

[18]FENG L, XU J. Farmers' willingness to participate in the next-stage Grain-for-Green Project in the Three Gorges Reservoir Area, China [J].

Environmental Management, 2015, 56(2):505.

[19] FIELDS T L. Breeding season habitat use of Conservation Reserve Program (CRP) land by lesser prairie-chickens in west central Kansas [D]. Colorado State University, 2004.

[20] FISCHER F. Evaluating public policy [M]. Chicago: Nelson-Hall Publishers, 1995.

[21] FRASER I, STEVENS C. Nitrogen deposition and loss of biological diversity: Agricultural land retirement as a policy response [J]. Land Use Policy, 2008, 25(4):455-463.

[22] GAL Y, HADAS E. Land allocation: Agriculture vs. urban development in Israel [J]. Land Use Policy, 2013, 31 (2):498-503.

[23] GELFAND I, ZENONE T, POONAM J, et al. Carbon debt of Conservation Reserve Program (CRP) grasslands converted to bioenergy Production [J]. Proceedings of the National Academy of Science of the United Stated of American, 2011, 108 (33):13864-13869.

[24] GRAS N S B. A history of agriculture in Europe and America [M]. F. S. Crofts & Co., 1946.

[25] GUBA E G, LINCOLN Y S. Fourth generation evaluation [M]. Newbury Park: Sage Publications, 1989.

[26] HAJKOWICZ S, COLLINS K, CATTANEO A. Review of agri-environment indexes and stewardship payments [J]. Environmental Management, 2009, 43(2):221-236.

[27] HASHIGUCHI T. Japan's agricultural policies after World War II: Agricultural land use policies and problems [M]. Tokyo: Springer Japan, 2014.

[28] HOOD C C. The tools of government [M]. London and Basingstoke, 1983.

[29] HOURSE E R. Evaluating with validity [M]. Beverly Hills: California: Sage Publications, 1980.

[30] HOWLETT M, RAMESH M. Studying public policy: Policy cycles and policy subsystems [D]. Oxford University, 1995:85.

[31] JOHNSON D H, SCHWARTZ M D. The Conservation Reserve

Program and grassland birds [J].Conservation Biology, 1993, 7 (4):934-937.

[32]JOHNSON K A, DALZELL B J, DONAHUE M, et al. Conservation Reserve Program (CRP) lands provide ecosystem service benefits that exceed land rental payment costs [J]. Ecosystem Services, 2016, 18(4):175-185.

[33]JONES C O. An introduction to the study of public policy [M]. Mishawaka: Duxbury Press, 1977.

[34]KALDOR D. Impact of the Conservation Reserve on Resource adjustments in agriculture [J]. Journal of Farm Economics, 1957, 39(5): 1148-1156.

[35]KIRSCHEN E S. Economic policy in our time [M]. Amsterdam: North-Holland Publishing Company, 1964.

[36]KNIGHT T. Enhancing the flow of ecological goods and services to society: key principles for the design of marginal and ecologically significant agricultural land retirement programs in Canada [R]. Canadian Institute for Environmental Law and Policy, 2010.

[37]KRASUSKA E, CADÓRNIGA C, TENORIO J L, et al. Potential land availability for energy crops production in Europe [J]. Biofuels Bioproducts & Biorefining, 2010, 4(6):658-673.

[38]LAMBIN E F, MEYFROIDT P. Global land use change, economic globalization, and the looming land scarcity [J]. The Proceedings of the National Academy of Sciences of the United States of America, 2011, 108(9):3465-3472.

[39]LANDGRAF D, BOHM C, MAKESCHIN F. Dynamic of different C and N fractions in a Cambisol under five year succession fallow in Saxony [J]. Journal of Plant Nutrition and Soil Science, 2003, 166(3): 319-325.

[40]LASSWELL H D. The decision process: Seven categories of functional analysis [M].College Park, Maryland: University of Maryland Press, 1956.

[41] LERNER D, LASSWELL H D. The policy sciences: Recent development in scope and method [M]. Stanford, CA: Standford University Press, 1951.

[42]LEROY H. Conservation Reserve Program: Environmental benefits update [J]. Agricultural & Resource Economics Review, 2016, 36(2):267-280.

[43]LICHFEILD N, KETTLE P, Whitbread M. Evaluation in the planning

process [M]. Oxford and New York: Pergamon Press, 1975.

[44]LICHTENBERG E, DING C R. Assessing farmland protection policy in China [J].Land Use Policy, 2008, 25(1):59-68.

[45]LIENHOOP N, BROUWER R. Agri-environmental policy valuation: Farmers' contract design preferences for afforestation schemes [J]. Land Use Policy, 2015, 42(4):568-577.

[46]LONG H L, TANG G, Li X B, et al. Socio-economic driving forces of land-use change in Kunshan, the Yangtze River Delta economic area of China [J]. Journal of Environmental Management, 2007, 83(3):351-364.

[47]LOWI T J. American business, public policy, case-studies, and political theory [J]. World Politics, 1964, 16(4): 677-715.

[48]LUEHE E, WENDT E G, Baars S. Food, agriculture and forestry in the Federal Republic of Germany [J]. European Physical Journal, 2007, 49(3): 721-730.

[49] MARGARIT D. Exploring land conservation using economic and geospatial models [D]. North Dakota State University, 2015.

[50]MARSHALL E P, HOMANS F R. A spatial analysis of the economic and ecological efficacy of land retirement [J]. Environmental Modeling & Assessment, 2004, 9(2):65-75.

[51]MARTON J M, FENNESSY M S, CRAFT C B. USDA conservation practices increase carbon storage and water quality improvement functions: an example from Ohio [J]. Restoration Ecology, 2014, 22(1):117-124.

[52]MCDONNELL L M, ELMORE R F. Getting the job done: alternative policy instruments [J]. Educational Evaluation & Policy Analysis, 1987, 9 (2): 133-152.

[53]MCINTYRE N E, THOMPSON T R. A comparison of Conservation Reserve Program habitat plantings with respect to arthropod prey for grassland birds [J]. American Midland Naturalist, 2003, 150(2):291-301.

[54]MONTANARELLA L. Towards protecting soil biodiversity in Europe: the EU thematic strategy for soil protection [J]. Biodiversity, 2008, 9(1/2):75-77.

[55]MORRIS A J, HEGARTY J, BÁLDI A, et al. Setting aside farmland in

Europe: the wider context [J].Agriculture Ecosystems & Environment, 2011, 143(1):1-2.

[56]NAGEL S. S. Handbook of public policy evaluation [M]. Thousands of Oaks, California: Sage Publications, 2002.

[57]NAGEL S S. Policy studies: Integration and evaluation [M]. New York: Greenwood Press, 1988.

[58]NAKAMURA J. Japanese agriculture under siege: the political economy of agricultural policies [J].Journal of Asian Studies, 1988, 49(3):145-655.

[59]NORGROVE L, HAUSER S. Biophysical criteria used by farmers for fallow selection in West and Central Africa [J]. Ecological Indicators, 2015, 61 (1):141-147.

[60] PAGE H. Agriculture and agri-food Canada [J]. Faculty of Law University of Alberta, 2014, 103(268):1-138.

[61]PLANTINGA A J, ALIG R, CHENG H T. The supply of land for conservation uses: evidence from the conservation reserve program [J].Resources Conservation & Recycling, 2001, 31(3):199-215.

[62] PURKEY D R, WALLENDER W W. Habitat restoration and agricultural production under land retirement [J].Journal of Irrigation & Drainage Engineering, 2001, 127(4):240-245.

[63]RAO M N, YANG Z. Groundwater impacts due to conservation reserve program in Texas County, Oklahoma [J]. Applied Geography, 2010, 30(3): 317-328.

[64]REEDER J D, SCHUMAN G E, BOWMAN R A. Soil C and N changes on Conservation Reserve Program lands in the Central Great Plains [J]. Soil & Tillage Research, 1998, 47(3/4):339-349.

[65]RIBAUDO M O, OSBORN C T, KONYAR K. Land retirement as a tool for reducing agricultural nonpoint source pollution [J]. Land Economics, 1994, 70(1):77-87.

[66]ROTHWELL R, ZEGVELD W. Reindusdalization and technology [M]. London: Logman Group Limited, 1985, 83-104.

[67] ROSSI P H, WILLIAMS W. Evaluating social programs: theory,

practice, and politics [M]. New York:Seminar Press, Inc., 1972.

[68] SALAMON L M. The tools of government: a guide to the New Governance [M]. Oxford University Press, 2002.

[69] SASAKI H. Analysis about consciousness structures on agri-environmental payment programs in Shiga: an application of structural equation model included WTP [J]. Journal of Rural Planning Association, 2005, 23(4): 275-284.

[70] SASAKI H. Relationships between agricultural policies and environmental effects in Japan: an environmental-economic integrated model approach [J]. European Association of Agricultural Economists, 2010, 9(1/2):36-52.

[71] SCHMITZ N, SHULTZ S D. The impact of the Conservation Reserve Program on the sale price of agricultural land [J]. Journal of the Asfmra, 2008: 51-59.

[72] SCHNEIDER A L, INGRAM H M. Policy design for democracy [M]. Lawrence: University Press of Kansas, 1997:102.

[73] SCHNEIDER F, Ledermann T, Fry P, et al. Soil conservation in Swiss agriculture—approaching abstract and symbolic meanings in farmers' life-worlds [J]. Land Use Policy, 2010, 27(2):332-339.

[74] SHOICHI T. The rice management system under the Staple Food Law [J]. Memoirs of the Faculty of Agriculture Kagoshima University, 1998, 34: 143-148.

[75] SIEBERT R, BERGER G, LORENZ J, et al. Assessing German farmers' attitudes regarding nature conservation setaside in regions dominated by arable farming [J]. Journal for Nature Conservation, 2010, 18(4):327-337.

[76] SIEGEL P B, JOHNSON T G. Break-even analysis of the Conservation Reserve Program: the Virginia case [J].Land Economics, 1991, 67(4):447-461.

[77] SMITH R. The Conservation Reserve Program as a least-cost land retirement mechanism [J].American Journal of Agricultural Economics, 1995, 77 (1):93-105.

[78] STEINER F. The Food Security Act of 1985 [J]. Land Use Policy, 1989, 6(2):132-140.

[79]STRUENING E L, Guttentag M. Handbook of evaluation research [M]. Beverly Hills, California: Sage Publications, 1975.

[80]STUFFLEBEAM D L, MADAUS G F, KELLAGHAN T. Evaluation models: Viewpoints on educational and human services education [M]. Boston: Kluwer Academic Publisher, 2000.

[81]SUCHMAN E A. Evaluative research: principles and practice in public service and social action programs [M]. New York: Russell Sage Foundation, 1967.

[82] SULLIVAN P, HELLERSTEIN D, HANSEN L, et al. The Conservation Reserve Program: economic implications for rural America [J]. Social Science Electronic Publishing, 2004, 48(4):271-278.

[83]SZENTANDRASI S, POLASKY S, BERRENS R, et al. Conserving biological diversity and the Conservation Reserve Program [J]. Growth & Change, 2010, 26(3):383-404.

[84] TAFF S J, WESISBERG S. Compensated short-term conservation restrictions may reduce sale prices [J].Appraisal Journal, 2007, 75(1):45-53.

[85] TILLMAN L D. Examining conservation spending for working land programs administered by the Natural Resources Conservation Service between 2004 and 2013 [D]. University of Tennessee at Martin, 2013.

[86] TURČEKOVÁ N, SVETLANSKÁ T, KOLLÁR B, et al. Agri-environmental performance of EU member states [J]. Agris On-Line Papers in Economics & Informatics, 2016, 7(4):199-208.

[87]USGA Office. Conservation Reserve Program: alternatives are available for managing environmentally sensitive cropland [R]. Report to the Committee on Agriculture, Nutrition, and Forestry, U.S. Senate, 1995.

[88]VEDUNG E. Public policy and program evaluation [M]. New Brunswick and London: Transaction Publishers, 1997.

[89] VEDUNG E. Policy instruments, Typologies and theories [M]// BENELMANS-VIEDEC M L, RIST RAY C, VEDUNG E.Carrots, Sticks, Sermons: Policy instruments & their evaluation. London: Transaction Publishers, 1997:75.

[90]VOL N. An alternative approach to administering federal land retirement

programs in Minnesota [J].Journal of Soil & Water Conservation, 1994, 49(5): 426-429.

[91]WALLENDER W, COTTER C, HARTER T, et al. Land retirement option and retired land management [J].Watershed Management & Operations Management Conference, 2014, 92 (9):1-8.

[92]WARREN S D, THUROW T L, BLACKBURN W H, et al. The influence of livestock trampling under intensive rotation grazing on soil hydrologic characteristics [J]. Journal of Range Management, 1986, 39(5):491-495.

[93] WEISS C H. Evaluation research: Methods of assessing program effectiveness [M]. Englewood Cliffs: Prentice-Hall, 1972.

[94]WELTZ M, WOOD M K, PARKER E E. Flash grazing and trampling: effects on infiltration rates and sediment yield on a selected New Mexico range site [J]. Journal of Arid Environments, 1989, 16(8):95-100.

[95]WHOLEY J S. Federal evaluation policy: analyzing the effects of public programs [M]. Washington: The Urban Institute, 1970.

[96]WU J J. Slippage effects of the Conservation Reserve Program: Reply [J]. American Journal of Agricultural Economics, 2005, 87(1):251-254.

[97]XIE H L, WANG W,ZHANG X M. Evolutionary game and simulation of management strategies of fallow cultivated land: a case study in Hunan province, China [J]. Land Use Policy, 2018, 71 (2):86-97.

[98] YOUNG C E, OSBORN C T. The Conservation Reserve Program: An economic assessment [R]. Agricultural Economic Report No.626, USDA/ERS, 1990.

[99]ZHANG W W, WANG W, LI X W, et al. Economic development and farmland protection: an assessment of rewarded land conversion quotas trading in Zhejiang, China [J].Land Use Policy, 2014, 38(5):467-476.

[100]ZILBERMAN D, LIPPER L, MCCARTHY N. When are payments for environmental services beneficial to the poor? [R]. ESA Working Paper No. 06-04, 2006.

附录1　研究区域耕地休耕申请表

<table>
<tr><td rowspan="3">申请休耕农户情况</td><td>姓名</td><td></td><td>性别</td><td></td><td>住所</td><td colspan="2"></td></tr>
<tr><td colspan="2">身份证号码</td><td colspan="3"></td><td>电话</td><td></td></tr>
<tr><td colspan="2">一卡通账号</td><td colspan="5"></td></tr>
<tr><td rowspan="2">申请休耕耕地情况</td><td colspan="2">面积(亩)</td><td></td><td>种植方式</td><td colspan="3">□自主种植　□土地流转出去</td></tr>
<tr><td colspan="2">是否种植水稻</td><td>□是　□否</td><td colspan="2">是否种植双季稻</td><td colspan="2">□是　□否</td></tr>
<tr><td>申请休耕农户或大户在休耕期间耕地接受统一管理的承诺</td><td colspan="7">本人承诺遵守包括以下四项措施在内的有关休耕耕地管理措施：
1.由村委会统一组织深翻耕休耕耕地；
2.由村委会统一维护休耕耕地；
3.休耕期间将耕地的经营管理权交由村委会；
4.休耕耕地不种植任何以收获为目的的作物。</td></tr>
<tr><td>申请休耕农户签名</td><td colspan="7">本人自愿申请休耕，承诺休耕期间遵守有关休耕的管理规定，请审批。
申请休耕农户签名：
年　月　日</td></tr>
<tr><td>小组意见</td><td colspan="7">组长签名：
年　月　日</td></tr>
</table>

附录2 研究区域耕地休耕审批表

申请休耕村：__________县（市、区）__________镇__________村（公章）村委会主任签名：__________

本表一式五份，小组、村委、镇政府、县农林局和财政局各一份。

申请休耕组名	休耕耕地类别	本组申请休耕面积(亩)	申请休耕农户代表的签名与电话	申请休耕小组组长的签名与电话
合计			/	/
乡镇政府审核意见	公章： 年 月 日			
县级农业部门复核意见	公章： 年 月 日			
县级政府审批意见	公章： 年 月 日			

附录3 样本村耕地休耕情况访谈表

__________市__________县(市、区)__________乡(镇)______________村

访谈时间:__________ 访谈对象:__________ 访谈人员:__________

说明:1.本表用来获取整个行政村的基础信息;2.访谈对象应是清楚掌握本村情况的村干部。

代码	问题
Q1	本村社会经济发展基本情况,如总人口、小组数、户数、劳动力数量、人均收入等
Q2	本村土地面积、耕地面积及目前耕地利用存在的主要问题
Q3	本村近3年耕地撂荒、耕地流转、土地整理等方面的基本情况
Q4	本村耕地休耕开始时间、期限、总面积、涉及户数等
Q5	本村耕地休耕的具体程序与推进方式
Q6	本村耕地休耕的补偿情况(标准、发放方式、公示情况等)
Q7	村两委与乡(镇)政府在新型职业农民培育、劳动力转移、耕地休耕风险防控(如农户毁约)等方面做了哪些工作
Q8	是否组织开展过耕地休耕政策的宣传教育活动,何种形式
Q9	是否组织开展过休耕地日常维护方面的培训
Q10	是否定期征询农户的意见以及本村农户表达意见的渠道
Q11	是否成立了类似于耕地休耕农民联合会的组织

续表

代码	问题
Q12	除了普通农户，本村是否还有其他经营主体参与耕地休耕，如种粮大户，合作社等
Q13	本村农户进行耕地休耕后的工作流向和地域流向
Q14	本村耕地休耕目前取得了哪些成效（如对耕地利用、粮食生产、农户行为等的影响）
Q15	本村在休耕地技术模式、投入产出效益模式等方面是否有创新？如有，请用数据或事例说明
Q16	本村耕地休耕目前存在哪些问题或有什么困难
Q17	本村农户对耕地休耕政策的反映与评价
Q18	您认为耕地休耕最关键的环节是什么，对乡（镇）政府或农业管理部门有什么建议
Q19	您认为耕地休耕未来的前景如何
Q20	您对耕地休耕政策的未来发展有什么期望

附录 4　耕地休耕农户问卷调查表

尊敬的先生、女士：

您好！非常感谢您在百忙之中抽出宝贵时间参与本问卷调查！本次问卷的内容主要用于学术研究，问卷中涉及的个人及家庭信息等会严格保密。感谢您的配合与支持！

1.您的性别：

□男　　□女

2.您的年龄：

□30 岁以下　□30～39 岁　□40～49 岁　□50～59 岁　□60 岁及以上

3.您的文化程度：

□小学及以下　□初中　□高中(中专)　□大专　□大学本科及以上

4.您是否担任村干部：□现在是　□过去是　□不是

5.除了务农外，您是否还兼职其他副业(如养殖、泥瓦匠等)：□是　□否

6.您家现有承包地面积________亩，分为________块，其中，最大地块________亩，最小地块________亩。

7.您家是否已经参加耕地休耕项目：□是　□否【若否，问卷结束；若是，请继续作答】

8.您家休耕面积共有________亩；分为________块；休耕期限为：________

9.您家是否签订了休耕合同：□是　□否

10.您了解耕地休耕的相关政策吗：

□完全不了解　□了解一点　□一般　□比较了解　□非常了解

11.您在休耕过程中，参与了哪些工作：(可多选)

□参与了休耕的部分决策(听证会)，如休耕地怎么管理，绿肥采购等

□受邀陪同技术人员现场踏勘、采样

□意见征询会(座谈会、村民大会、村民代表大会)

□非正式参与，如观看技术人员进行翻耕、培肥，参与相关部门或者组织的访谈、调研等

□正式受聘进行耕地地力培育与管护，投工投劳　□其他

12.耕地休耕对您家农业经营收入状况的影响：

□变差了很多　□变差了一点　□没有变化　□变好了一点　□变好了很多

13.耕地休耕对您家非农业经营收入状况的影响：

□变差了很多　□变差了一点　□没有变化　□变好了一点　□变好了很多

14.耕地休耕对您村自然环境状况的影响：

□变差了很多　□变差了一点　□没有变化　□变好了一点　□变好了很多

15.耕地休耕对您闲暇时间的影响：

□大幅减少　□减少了一点　□没有变化　□增加了一些　□大幅增加

16.耕地休耕后,您的生活方式是否发生改变：□是　□否

17.您对耕地休耕后生活方式的适应程度：

□非常不适应　□不太适应　□一般　□比较适应　□非常适应

18.政府是否组织了休耕农户的就业培训与指导：□是　□否

若组织了,您对这些工作的满意程度：

□非常不满意　□不太满意　□一般　□比较满意　□非常满意

19.政府是否制定了休耕农户的就业优惠政策：□是　□否

若制定了,您对这些政策的满意程度：

□非常不满意　□不太满意　□一般　□比较满意　□非常满意

20.您对耕地休耕过程中话语权实现(意见表达效果)的满意程度：

□非常不满意　□不太满意　□一般　□比较满意　□非常满意

21.您对耕地休耕过程中自身价值实现的满意程度：

□非常不满意　□不太满意　□一般　□比较满意　□非常满意

22.您对耕地休耕货币补偿标准的满意程度：

□非常不满意　□不太满意　□一般　□比较满意　□非常满意

23.您对耕地休耕补偿内容的满意程度：

□非常不满意　□不太满意　□一般　□比较满意　□非常满意

24.您认为耕地休耕对农业长期发展的重要程度：

□非常不重要　□不太重要　□一般　□比较重要　□非常重要

25.您在休耕期满后有何打算：

□精细经营休耕地和未休耕地

□将耕地转给他人耕种,自己和家人外出务工

□家人耕种,自己外出打工

□在地上建房从事其他副业,如养殖、办工厂等

□将地荒着

□没有考虑过

26.您对本村耕地休耕的总体评价：

□不合格　□合格　□中等　□良好　□优秀

附录5 管理部门、执行部门、专家学者等问卷调查表

尊敬的先生、女士：

您好，非常感谢您在百忙之中抽出宝贵时间参与本问卷调查！本问卷的内容主要用于科学研究，问卷中涉及的个人相关信息会严格保密。感谢您的配合与支持！

1.您的性别：

□男 □女

2.您的年龄：

□20～34岁 □35～44岁 □45～54岁 □55岁及以上

3.您的文化程度：

□高中(中专)及以下 □大专 □大学本科 □硕士 □博士

4.您的职称：

□助理工程师(助教)及以下 □工程师(讲师)

□高级工程师(副教授、副研究员等) □教授级工程师(教授、研究员等)

□其他

5.您在本单位担任的职务是：

□普通工作人员 □基层领导 □中层领导 □高层领导 □其他

6.您认为本区域耕地休耕政策是否符合我国《土地管理法》中耕地保护的有关规定：

□很不符合 □不太符合 □一般 □比较符合 □非常符合

7.您认为本区域耕地休耕政策是否符合所在省份有关耕地保护的法规和政策规定：

□很不符合 □不太符合 □一般 □比较符合 □非常符合

8.您认为本区域耕地休耕政策与国家现阶段的战略发展方向是否一致：

□很不一致 □不太一致 □一般 □比较一致 □非常一致

9.您认为本区域耕地休耕政策与地方政府的发展方向是否一致：

□很不一致 □不太一致 □一般 □比较一致 □非常一致

10.您认为本区域耕地休耕政策安排是否遵循耕地资源管理的基础理论：

□完全没遵循　□不太遵循　□一般　□比较遵循　□完全遵循

11.根据耕地利用实际情况，您认为现阶段本区域实行耕地休耕政策的必要性：

□完全不必要　□不太必要　□一般　□有点必要　□非常必要

12.您认为本区域耕地休耕政策是否响应农户利益诉求：

□完全没响应　□不太响应　□一般　□比较响应　□非常响应

13.您认为本区域耕地休耕政策的目标是否清晰：

□很不清晰　□不太清晰　□一般　□比较清晰　□非常清晰

14.您认为本区域耕地休耕政策的目标是否具体：

□很不具体　□不太具体　□一般　□比较具体　□非常具体

15.您认为实现本区域耕地休耕政策目标的可行性：

□很不可行　□不太可行　□一般　□比较可行　□非常可行

16.您认为本区域耕地休耕政策目标之间的一致性：

□很不一致　□不太一致　□一般　□比较一致　□非常一致

17.您认为本区域耕地休耕政策制定是否经过了充分的调研与论证：

□很不充分　□不太充分　□一般　□比较充分　□非常充分

18.您认为本区域耕地休耕政策的内容是否完整：

□很不完整　□不太完整　□一般　□比较完整　□非常完整

19.您认为本区域耕地休耕政策与其他耕地保护措施的协调程度：

□很不协调　□不太协调　□一般　□比较协调　□非常协调

20.您认为本区域耕地休耕政策实施过程中资金的保障程度：

□完全没有保障　□不太有保障　□一般　□比较有保障　□非常有保障

21.您认为本区域耕地休耕政策实施过程中科学技术的保障程度：

□完全没有保障　□不太有保障　□一般　□比较有保障　□非常有保障

22.您认为本区域耕地休耕政策实施过程中组织机构的保障程度：

□完全没有保障　□不太有保障　□一般　□比较有保障　□非常有保障

23.您认为本区域耕地休耕政策实施过程中人力资源的保障程度：

□完全没有保障　□不太有保障　□一般　□比较有保障　□非常有保障

24.您认为本区域耕地休耕政策实施过程中对各类信息的动态监测能力：

□非常差　□比较差　□一般　□比较好　□非常好

25.您认为本区域耕地休耕政策的信息反馈渠道是否畅通：

□很不畅通　□不太畅通　□一般　□比较畅通　□非常畅通

26.您认为耕地休耕政策是否有利于加快本区域新农村建设进程：

□非常不利　　□不太有利　　□一般　　□比较有利　　□非常有利

27.您认为耕地休耕政策是否有利于深化本区域的耕地保护政策：

□非常不利　　□不太有利　　□一般　　□比较有利　　□非常有利

28.您认为耕地休耕政策是否有利于加快本区域农业现代化发展：

□非常不利　　□不太有利　　□一般　　□比较有利　　□非常有利

29.您认为耕地休耕政策是否有利于本区域土地管理制度创新：

□非常不利　　□不太有利　　□一般　　□比较有利　　□非常有利

30.您认为耕地休耕政策是否有利于本区域乡村振兴战略的推行：

□非常不利　　□不太有利　　□一般　　□比较有利　　□非常有利

31.您认为耕地休耕政策是否有利于本区域精准扶贫战略的实施：

□非常不利　　□不太有利　　□一般　　□比较有利　　□非常有利

32.您认为本区域耕地休耕政策制定过程的公平性如何：

□很不公平　　□不太公平　　□一般　　□比较公平　　□非常公平

33.您认为本区域耕地休耕政策在不同主体之间的利益分配是否均衡：

□很不均衡　　□不太均衡　　□一般　　□比较均衡　　□非常均衡

34.您认为本区域耕地休耕政策的信息透明程度如何：

□很不透明　　□不太透明　　□一般　　□比较透明　　□非常透明

35.您认为本区域耕地休耕政策宣传手段的丰富程度：

□很不丰富　　□不太丰富　　□一般　　□比较丰富　　□非常丰富

36.您认为本区域耕地休耕政策宣传内容的有用程度：

□完全没用　　□不太有用　　□一般　　□比较有用　　□非常有用

37.您认为本区域耕地休耕政策对改善生态质量的作用效果：

□很不明显　　□不太明显　　□一般　　□比较明显　　□非常明显

38.您认为耕地休耕政策对本区域未来社会经济发展是否重要：

□很不重要　　□不太重要　　□一般　　□比较重要　　□非常重要

39.您认为目前本区域耕地休耕的政策安排是否合理：

□很不合理　　□不太合理　　□一般　　□比较合理　　□非常合理

40.您对本区域耕地休耕政策的总体评价是：

□不合格　　□合格　　□中等　　□良好　　□优